档案工作标准汇编(14)

全国档案工作标准化技术委员会　编

中国标准出版社
北　京

图书在版编目(CIP)数据

档案工作标准汇编.14/全国档案工作标准化技术委员会编.—北京:中国标准出版社,2021.11
ISBN 978-7-5066-9869-6

Ⅰ.①档…　Ⅱ.①全…　Ⅲ.①档案工作—标准—汇编—中国　Ⅳ.①G27-65

中国版本图书馆 CIP 数据核字(2021)第 187839 号

中国标准出版社出版发行
北京市朝阳区和平里西街甲 2 号(100029)
北京市西城区三里河北街 16 号(100045)

网址 www.spc.net.cn
总编室:(010)68533533　发行中心:(010)51780238
读者服务部:(010)68523946

中国标准出版社秦皇岛印刷厂印刷
各地新华书店经销

*

开本 880×1230　1/16　印张 10.75　字数 303 千字
2021 年 11 月第一版　2021 年 11 月第一次印刷

*

定价 100.00 元

出 版 说 明

2021年是实施"十四五"规划和开启全面建设社会主义现代化国家新征程的开局之年，也是国家进一步深化标准化管理体制改革的重要阶段。为加强档案行业标准的宣传，我们将国家档案局2021年发布的7项档案行业标准(含一项行业标准修改单)汇编成《档案工作标准汇编14》。

《档案工作标准汇编14》中收录的行业标准经全国档案工作标准化技术委员会审议、国家档案局批准发布(档函〔2021〕59号)，自2021年10月1日起实施。其中，DA/T 86—2021《财产保险业务档案管理规范》、DA/T 87—2021《档案馆空调系统设计规范》、DA/T 88—2021《产品数据管理(PDM)系统电子文件归档与电子档案管理规范》为新制定标准；DA/T 32—2021《公务电子邮件归档管理规则》、DA/T 38—2021《档案级可录类光盘CD-R、DVD-R、DVD+R技术要求和应用规范》、DA/T 45—2021《档案馆高压细水雾灭火系统技术规范》为修订标准。另外，还收录了DA/T 76—2019《绿色档案馆建筑评价标准》及其修改单。这批标准为电子文件管理、档案实体安全管理、财产保险相关业务档案管理等工作提供了管理规范和技术支撑，对有效解决档案工作中遇到的实际问题有着积极意义，适合各级档案部门以及广大档案工作者参考使用。

全国档案工作标准化技术委员会

2021年9月

目　　录

ICS 01.140.20
CCS A 14

中华人民共和国档案行业标准

DA/T 32—2021
代替 DA/T 32—2005

公务电子邮件归档管理规则

Rules for filing and management of official electronic mail

2021-05-26 发布　　2021-10-01 实施

国家档案局　发布

前　言

本文件按照GB/T 1.1—2020《标准化工作导则　第1部分：标准化文件的结构和起草规则》的规定起草。

本文件代替DA/T 32—2005《公务电子邮件归档与管理规则》，与DA/T 32—2005相比，除结构调整和编辑性改动外，主要技术变化如下：

——将“总则”更改为“管理原则”和“管理职责”，明确管理原则和相关各方职责（见第4章、第5章，2005年版的第4章）；

——增加了公务电子邮件系统和电子档案系统建设的有关规定（见第6章）；

——对公务电子邮件归档范围及保管期限进行了明确规定，明确了归档后原系统中文件保存时间和不属于归档范围的电子邮件的保存期限。删除了公务电子邮件保管环节制作备份等内容，因相关标准已完善，不再单独规定（见第7章，2005年版的第9章）；

——增加了公务电子邮件的形成要求（见第8章）；

——增加了公务电子邮件的归档方式、归档格式及元数据等相关要求（见第9章、附录A）；

——删除了公务电子邮件收发文登记表的相关规定（见2005年版的附录A）；

请注意本文件的某些内容可能涉及专利。本文件的发布机构不承担识别专利的责任。

本文件由国家档案局提出并归口。

本文件主要起草单位：深圳市档案馆、交通银行股份有限公司、国家档案局经济科技档案业务指导司。

本文件主要起草人：黄俊琳、姜延溪、蔡盈芳、沈明智、车昊珈、周骅、付晓莉、邹彬、曾宁、张相、张晶晶、袁瑞、杨国柱。

本文件所替代文件的历次版本发布情况为：

——DA/T 32—2005。

公务电子邮件归档管理规则

1 范围

本文件确立了公务电子邮件的形成、收集、整理、归档的程序与规则。

本文件适用于机关、团体、企业事业单位、其他组织(以下简称单位)及个人公务活动中形成的电子邮件归档工作。

2 规范性引用文件

下列文件中的内容通过文中的规范性引用而构成本文件必不可少的条款。其中,注日期的引用文件,仅该日期对应的版本适用于本文件;不注日期的引用文件,其最新版本(包括所有的修改单)适用于本文件。

GB/T 18894 电子文件归档与电子档案管理规范

GB/T 32397 中文电子邮件地址 邮件头格式技术要求

GB/T 37002 信息安全技术 电子邮件系统安全技术要求

DA/T 22 归档文件整理规则

DA/T 46 文书类电子文件元数据方案

DA/T 70 文书类电子档案检测一般要求

3 术语和定义

下列术语和定义适用于本文件。

3.1

电子邮件 electronic mail

由电子计算机生成、处理,并通过电子邮件系统经由通信网络发送和接收的电子信息。

3.2

公务电子邮件 official electronic mail

单位或个人在公务活动中产生的经由电子邮件系统传输的电子邮件。

3.3

公务电子邮件系统 official electronic mail system

用于产生、传送、接收、阅读和处置公务电子邮件的计算机应用系统。

3.4

EML 格式文件 EML format file

内容编码采用 MIME 格式(多用途互联网邮件扩展 Multipurpose Internet Mail Extensions),遵循 RFC822 及其后续扩展,一般由邮件头和邮件体两部分组成,可保留电子邮件原有的 HTML 格式和标题的多用途互联网邮件扩展格式文件。

4 管理原则

4.1 单位应制定公务电子邮件归档管理制度,配备必要的技术措施,确保公务电子邮件及时归档,并保证公务电子邮件档案的真实性、完整性、可用性和安全性。

4.2 公务电子邮件的收集、鉴定、整理、归档、保管、移交等环节应纳入单位电子文件归档和电子档案管理程序及相关人员的岗位责任，实行全过程管理与监控。

4.3 应明确规定公务电子邮件归档的时间、范围、技术环境、相关软件、版本、数据类型、格式、被操作数据、检测数据等要求，保证归档公务电子邮件的质量。

4.4 公务电子邮件形成、收集、整理、保存等关键业务过程应按照 DA/T 46 形成元数据，形成的元数据与公务电子邮件同捕获、同归档。

5 管理职责

5.1 产生和接收公务电子邮件的部门和人员负责公务电子邮件的收集、鉴定、整理，并定期移交档案部门。

5.2 档案部门负责制定公务电子邮件归档的制度，对公务电子邮件归档工作进行业务监督和指导；接收归档公务电子邮件，负责公务电子邮件档案的保管、鉴定、统计、利用及处置。

5.3 信息技术部门负责公务电子邮件系统接口及相关公务电子邮件基础设施的建设、运维工作。

5.4 安全保密部门负责公务电子邮件归档管理过程的安全保密管理。

6 系统建设要求

6.1 公务电子邮件系统建设与运行要求

6.1.1 公务电子邮件系统的建设，应符合 GB/T 37002 中有关电子邮件系统信息安全要求，包括公务电子邮件系统的技术安全要求、管理安全要求和运行安全要求。

6.1.2 公务电子邮件系统形成的邮件地址、邮件头格式应符合 GB/T 32397 中有关编码、格式、语法等要求。

6.1.3 公务电子邮件系统应能输出规范的 EML 格式文件或其他包含完整的原始邮件信息的可归档格式文件，或具有归档电子邮件的接口，接口功能符合归档要求，接口输出数据应包含完整的原始邮件信息。

6.1.4 公务电子邮件系统或其备份系统能按 DA/T 46 的要求，形成元数据。

6.2 电子档案管理系统要求

6.2.1 具有接收(含批量)公务电子邮件归档的功能接口，并能正确解析、验证 EML 格式文件或其他归档信息包文件，形成归档电子文件及其元数据。

6.2.2 支持按照 DA/T 70 的要求进行真实性、完整性、可用性、安全性检测。

6.2.3 其他功能符合国家有关电子档案管理系统功能要求。

7 公务电子邮件归档范围及保管期限

7.1 单位应结合业务实际确定公务电子邮件归档范围和划定具体保管期限。公务电子邮件保管期限定为永久、定期两种，定期分为 30 年、10 年。

7.2 归档的公务电子邮件，归档后应在原电子邮件系统中保留至少 1 年。

7.3 不属于归档范围的公务电子邮件数据，也应在原电子邮件系统中保留至少 1 年。

8 公务电子邮件的形成

8.1 公务电子邮件标题应简明扼要，能反映发送邮件内容等。

8.2 公务电子邮件内容应尽可能在正文中体现。对于无法在正文中表示的内容，可采用邮件附件的方式随电子邮件正文一起发送。

8.3 公务电子邮件附件应使用与邮件标题具有相关性的名称，格式应尽可能符合电子档案存储格式要求，原则上不得对附件加密。如不符合电子档案存储格式要求的应进行转换，如无法转换为符合电子档案存储要求格式的，应在邮件附件中加挂能阅读和处理该附件的软件。

8.4 公务电子邮件落款应与邮件撰写人账号保持一致，发送日期与实际相符。

8.5 公务电子邮件元数据应符合 DA/T 46 的规定，时间元素值应尽可能精确至秒，对于涉及多时区的事务，应保留时区信息。

9 公务电子邮件归档收集

9.1 发送公务电子邮件的，无论是单发还是群发邮件，均由发件人提交归档；接收外部电子邮件的，应在收件人范围内指定责任人提交归档。

9.2 移交归档责任人定期或实时将办理完毕的公务电子邮件及其元数据以 EML 格式文件或其他格式，通过接口或离线方式提交电子档案管理系统，电子档案管理系统解析出电子邮件的正文、附件及元数据信息归档。采用定期归档的应于次年 6 月 30 日前完成上一年度的所有电子邮件提交归档工作。

9.3 同一主题有多件公务电子邮件需归档时，应按往来记录逐封归档，并保持其关联关系。

9.4 公务电子邮件提交电子档案管理系统应按照 DA/T 70 的要求进行检测。

公务电子邮件源格式符合归档要求的直接采用源格式归档。源格式不符合归档要求的应转换为符合归档要求的格式。不同的公务电子邮件，根据其所属档案的类别要求确定归档格式，推荐如下：

——版式文件格式采用 OFD，不具备 OFD 条件用 PDF、PDF/A 格式。

——公务电子邮件正文以版式文件格式归档，附件可以版式文件、RTF、WPS、DOCX、JPG、TIF、PNG 等通用格式；或将公务电子邮件及其附件按顺序合并转换为一个版式文件。若附件是独立文件，格式如下：

- 二维矢量文件以 SVG、SWF、WMF、EMF、EPS、DXF 等格式归档；
- 三维矢量文件应转换为 STEP 格式归档；
- 数据库文件以 ET、XLS、DBF、XML 等格式归档，或将应归档数据库数据转换为版式文件归档；
- 录音类电子文件以 WAV、MP3 等格式归档；
- 录像类电子文件以 MPG、MP4、FLV、AVI 等格式归档；
- 网页、社交媒体类电子文件按相关规定要求格式归档；
- 其他专用软件生成的电子文件原则上应转换成通用格式归档，无法转换的应将能读取该邮件特殊格式文件的软件一并归档。

9.5 公务电子邮件归档时应完整捕获元数据。公务电子邮件元数据与 DA/T 46 部分元数据对照关系见附录 A，其他元数据捕获按照 DA/T 46 的要求进行。

10 公务电子邮件归档整理

10.1 归档公务电子邮件应按照所制定的保管期限表划分保管期限。

10.2 归档公务电子邮件以事由或单次发出(接收)电子邮件为一件;正文、附件为一件;转发电子邮件与被转发电子邮件为一件;一次发出或收到的报表、名册、图册等一册(本)为一件;同一事件一次收到与发出一般独立成件,也可合并为一件。

归档公务电子邮件排序时,正文在前,附件在后;转发电子邮件在前,被转发电子邮件在后;收到与发出的电子邮件作为一件时,发出的电子邮件在前,收到的电子邮件在后。

10.3 公务电子邮件可以独立形成电子邮件档案门类,也可以根据其内容归入相应门类。形成独立门类的电子邮件按“年度—机构(问题)—保管期限”或“年度—保管期限—机构(问题)”分类,分类法应在本单位档案分类方案中体现。归入相应门类的电子邮件按相应门类档案整理要求分类。

10.4 公务电子邮件分类后应在最低一级类目内,按时间结合事由进行排列。同一事由电子邮件,按邮件形成先后顺序排列。

归档公务电子邮件应编制档号,独立门类电子邮件档案档号格式为:全宗号—档案门类代码·年度—保管期限代码—机构(问题)代码—件号或全宗号—档案门类代码·年度—机构(问题)代码—保管期限代码—件号,具体按照 DA/T 22 的要求。

完成档号编制的电子邮件应依据档号顺序自动生成电子档案目录,按本单位归档电子文件整理要求增加电子文件目录封面,并将目录转换为适合长期保存的版式文件。

10.5 归入相应门类的电子邮件应与其所属门类其他电子文件一同整理,整理方法按 GB/T 18894 或单位制定的相应门类电子文件归档要求。

11 公务电子邮件档案的移交和接收

11.1 完成归档整理的公务电子邮件应在次年 6 月 30 日前,向档案部门移交。

11.2 移交内容包括公务电子邮件(含附件)、元数据。

11.3 对接收到的公务电子邮件应及时进行检测,检测方法和项目符合 DA/T 70 的规定。经检测合格的方能接收,检测不合格的应退回重新整理,待合格后方可接收。

附　录　A
（资料性）
公务电子邮件元数据与 DA/T 46 部分元数据对照表

表 A.1 给出了公务电子邮件元数据与 DA/T 46 部分元数据的对照表。

表 A.1　公务电子邮件元数据与 DA/T 46 部分元数据对照表

元数据编号	元数据名称	电子邮件信息
M7	电子文件号	电子邮件系统产生的唯一标识电子文件的一组代码
M32	责任者	电子邮件发件人（含邮件地址）
M36	主送	电子邮件收件人（含邮件地址）
M37	抄送	电子邮件抄送人/密送人（含邮件地址）
M22	题名	电子邮件标题
M33	日期	电子邮件发送时间/接收时间（含时区）
M35	紧急程度	电子邮件紧急程度
M38	密级	电子邮件密级
M39	保密期限	电子邮件保密期限
M48	计算机文件名	电子邮件正文及附件的计算机文件名
M50	文档创建程序	电子邮件责任者提供的非通用格式阅读软件
M51	信息系统描述	电子邮件责任者邮件系统名称及版本号
M6	立档单位名称	电子邮件归档机构

ICS 01.140.20
CCS A 14

中华人民共和国档案行业标准

DA/T 38—2021
代替 DA/T 38—2008

档案级可录类光盘CD-R、DVD-R、DVD＋R技术要求和应用规范

Technical requirements and application specification for archival recordable disc CD-R,DVD-R,DVD＋R

2021-05-26 发布 2021-10-01 实施

国家档案局 发布

前　　言

本文件按照GB/T 1.1—2020《标准化工作导则　第1部分:标准化文件的结构和起草规则》的规定起草。

本文件代替DA/T 38—2008《电子文件归档光盘技术要求和应用规范》,与DA/T 38—2008相比,除结构调整和编辑性改动外,主要技术变化如下:

——将档案级可录类光盘CD-R湿热试验后“块错误率BLER<150”更改为“BLER<160帧每秒”(见4.1.6);

——删除了“归档光盘的备份”一章(见2008版的第7章);

——删除了部分附录(见2008版的附录D、附录E、附录G、附录H、附录I、附录J)。

请注意本文件的某些内容可能涉及专利。本文件的发布机构不承担识别专利的责任。

本文件由国家档案局档案科学技术研究所和清华大学光盘国家工程研究中心提出。

本文件由国家档案局归口。

本文件起草单位:国家档案局档案科学技术研究所、清华大学光盘国家工程研究中心。

本文件主要起草人:王建库、许斌、史金、陈峥、宁倩、杨战捷、潘龙法、陈垦、徐海峥。

本文件所代替文件的历次版本发布情况为:

——DA/T 38—2008。

档案级可录类光盘 CD-R、DVD-R、DVD＋R 技术要求和应用规范

1 范围

本文件规定了档案级可录类光盘 CD-R、DVD-R、DVD＋R 的技术要求、性能测试方法和使用要求。

本文件适用于档案部门电子档案的光盘存储和管理。

2 规范性引用文件

下列文件中的内容通过文中的规范性引用而构成本文件必不可少的条款。其中，注日期的引用文件，仅该日期对应的版本适用于本文件；不注日期的引用文件，其最新版本（包括所有的修改单）适用于本文件。

GB/T 2828.1—2012 计数抽样检验程序 第1部分：按接收质量限（AQL）检索的逐批检验抽样计划

GB/T 18894—2016 电子文件归档与电子档案管理规范

GB/T 33662—2017 可录类出版物光盘 CD-R、DVD-R、DVD＋R 常规检测参数

3 术语和定义

下列术语和定义适用于本文件。

3.1

可录类光盘 recordable disc

一种一次写入多次读出的光盘。

注：包括 CD-R、DVD-R、DVD＋R、BD-R 等多种规格。

3.2

档案级可录类光盘 archival recordable disc

电子档案存储用可录类光盘。

注：档案级可录类光盘 CD-R、DVD-R、DVD＋R 技术指标优于光盘工业标准，保存寿命大于 20 年。

保存寿命：从可录类光盘存储数据到数据不能再被正确读取的时间。

可录类光盘存储数据后，随着时间推移信息层退化，CD-R 光盘表现为块错误率（BLER）增大，DVD-R、DVD＋R 光盘表现为奇偶校验内码错误（PIE）增大。BLER 或 PIE 超过某个值后，光盘中存储的信息不能再被正确读取。表征光盘寿命终止的技术指标是：CD-R 光盘 BLER≥220 帧每秒或不可纠正错误（E32）＞0；DVD-R、DVD＋R 光盘 PIE≥280 或奇偶校验外码失败（POF）＞0。

3.3

块错误率 block error rate；BLER

每秒 C1 解码器检测到的具有 1 个或多个错误符号的帧数目。

注：单位为帧每秒。

［来源：GB/T 33662—2017，2.35］

3.4

不可纠正错误　uncorrectable errors；E32

在 C2 解码中不可纠正的错误。

［来源：GB/T 33662—2017，2.37］

3.5

奇偶校验内码错误　PI error；PIE

当执行首轮 PI 行校验时，一个 ECC 块中的某一行如果有一个或更多的字节出现错误，就是一个 PI 错误。PIE(8ECC)是指在 8 个连续的 ECC 数据块的出现错误的行数总数。

［来源：GB/T 33662—2017，2.41］

3.6

奇偶校验外码失败　PO fails；POF

经过解码器首轮 PI 行纠错和 PO 列纠错后仍不能校正 ECC 数据块内所有的数据。

［来源：GB/T 33662—2017，2.42］

3.7

抖晃　jitter

CD-R、DVD-R、DVD＋R 光盘记录后信息坑和信息台扫描时间的标准偏差。

对 CD-R 光盘来说，Jitter 是 3T～11T 信息坑和信息台扫描时间的标准偏差。抖晃包括坑抖晃(Jitter for *n*T Pit，$n=3\sim11$，J_nP)和台抖晃(Jitter for *n*T Land，$n=3\sim11$，J_nL)。

对 DVD-R、DVD＋R 光盘来说，DC Jitter 即数据和时钟之间的抖晃，是读出高频信号(HF)与判定基准电平(Decision Level)相交处的计时变化。DC Jitter 测量所有数据边缘(指凹坑和台交界处)与参考时钟脉冲边缘相比较的标准偏差，用系统时钟长度的百分比来表示。

［来源：GB/T 33662—2017，2.43，有修改］

3.8

跟踪误差　tracking error；TE

参考驱动器测量径向跟踪伺服剩余误差信号与开环跨道信号峰峰值的比值。

注：表征高速旋转光盘径向跟踪能力的参数，可录光盘在高倍速读写过程中，光学头需要精确锁定径向轨道位置，跟踪误差太大，光学头可能失去道跟踪，导致刻录过程的掉速，甚至刻录失败。跟踪误差通常和偏心有关，也和盘片的翘曲有关。

［来源：DA/T 74—2019，3.15］

3.9

聚焦误差　focus error；FE

参考驱动器测量垂直聚焦剩余误差信号与开环聚焦信号(S 曲线)峰峰值的比值。

注：表征高速旋转光盘的垂直聚焦能力的参数，可录光盘在高倍速读写过程中，光学头在刻录时需要精确聚焦到信息面上，如果聚焦误差太大，光学头聚焦可能会偏离信息面，导致刻录过程的掉速，甚至刻录失败。聚焦误差通常和垂直偏差有关，也和盘片的翘曲有关。

［来源：DA/T 74—2019，3.16］。

3.10

批　lot

汇集在一起的一定数量的某种产品、材料或服务。

［来源：GB/T 2828.1—2012，3.1.13］

3.11

接收质量限　acceptance quality limit；AQL

(验收抽样)可容忍的最差质量水平。

[来源:GB/T 3358.2—2009,4.6.15]

4 技术要求

4.1 档案级可录类光盘 CD-R

4.1.1 记录前,TE<0.45 nm。

4.1.2 记录前,FE<0.50 nm。

4.1.3 记录后,BLER<50 帧每秒,E32=0。

4.1.4 记录后,信号对称性(SYM)应为-0.15~0.10。

注:对称性(symmetry;SYM)表征 CD 类高频信号中 I_3 中心电平与 I_{11} 调制中心的相对偏差,详见 GB/T 33662—2017,2.14。

4.1.5 记录后,Jitter:J_nP<35 ns,n=3~11;J_nL<35 ns,n=3~11。

4.1.6 按照附录 A 的方法检测,光盘的 BLER<160 帧每秒,E32=0。

4.2 档案级可录类光盘 DVD-R、DVD+R

4.2.1 记录前,TE<0.45 nm。

4.2.2 记录前,FE<0.50 nm。

4.2.3 记录后,PIE<80,POF=0。

4.2.4 记录后,不对称度(ASYM)应为-0.05~0.15。

注:不对称度(signal asymmetry;ASYM):DVD-R、DVD+R 光盘记录后高频信号中 I_3[3T 信息坑(岸)产生的反射信号电平大小]中心电平与 I_{14}[14T 信息坑(岸)产生的反射信号电平大小]中心电平的相对偏差。

表征 DVD-R、DVD+R 光盘记录后高频信号的不对称性,用 I_3 中心电平与 I_{14} 中心电平的相对位置来描述 nT(n=3~11、14)坑与台的长度不对称状况。

见图 1。

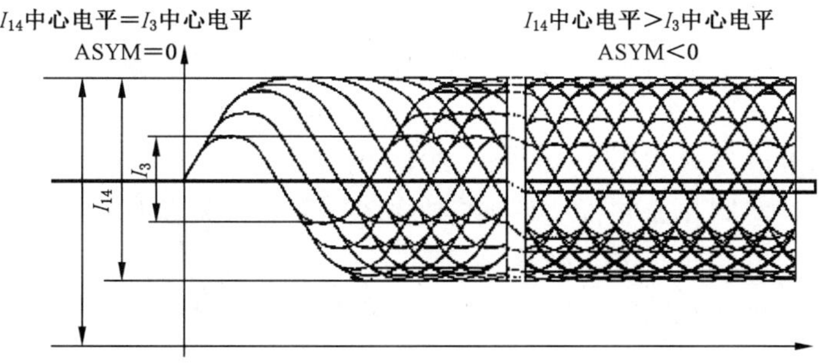

图 1 不对称度

$$ASYM=[(I_{14H}+I_{14L})/2-(I_{3H}+I_{3L})/2]/(I_{14H}-I_{14L})$$

式中:

$(I_{14H}+I_{14L})/2$——I_{14} 的中心电平;

$(I_{3H}+I_{3L})/2$——I_3 的中心电平;

$(I_{14H}-I_{14L})$——I_{14} 幅值。

[来源:GB/T 33662—2017,2.15,有修改]

4.2.5 记录后,DVD-R 的 DC Jitter≤9%,DVD+R 的 DC Jitter≤9%。

4.2.6 按照附录 A 的方法检测,PIE<180,POF=0。

4.3 其他要求

4.3.1 原材料选择、生产工艺和出厂质量检测应符合附录 B 的要求。

4.3.2 其他指标应符合 GB/T 33662—2017 的要求。

5 刻录前检测

5.1 应对空白档案级可录类光盘进行抽检，检测参数包括 TE、FE。检测合格（CD-R 符合 4.1.1、4.1.2 要求，DVD-R、DVD＋R 符合 4.2.1、4.2.2 要求）的空白光盘才可用于数据刻录。

5.2 光盘的检测应在温度（23±2）℃、相对湿度 45％～50％、大气压力 86 kPa～106 kPa 的环境中进行。检测前光盘应在检测环境中放置 2 h 以上，光盘上不应出现凝露现象。

5.3 光盘检测设备的检测光路和检测光学头应符合附录 C 的要求。

5.4 检测前，检测设备应用基准光盘校验定标，保证检测数据的可靠性和一致性。

5.5 同一批光盘，可按 7.6、7.7、7.8 的方法进行抽样检测。如果所检批样本不合格数未超过接收数 Ac，则认为该批合格，但样本中的不合格品应废弃。如果所检批样本不合格数达到或超过拒收数 Re，则判断整批光盘为不合格品。

6 光盘数据刻录

6.1 空白光盘

应使用检测合格的空白档案级可录类光盘。

6.2 光盘刻录机

6.2.1 应使用经检测性能合格的专业光盘刻录机。

6.2.2 选用的刻录机应能识别档案级可录类光盘的最佳写功率和写策略。

6.3 数据刻录

6.3.1 数据刻录工作环境应符合 9.2.1 的规定，并有良好的通风条件。光盘刻录前，应在工作环境中放置 2 h 以上。

6.3.2 光盘数据内容应符合 GB/T 18894—2016 的要求。

6.3.3 应先将电子档案制作成映像文件，在刻录之前关闭系统其他应用程序，然后采用全盘一次刻完（Disc At Once，DAO）方式进行光盘数据刻录。

6.3.4 应采用中速刻录光盘数据，即 CD-R 光盘采用 24～40 倍速刻录速度，DVD-R、DVD＋R 光盘采用 8～12 倍速刻录速度。

6.3.5 光盘数据刻录完成后应设置成禁止写操作状态。

7 刻录后检测

7.1 刻录后应对光盘进行抽检或全检，CD-R 光盘的检测参数包括 BLER、E32，DVD-R、DVD＋R 光盘的检测参数包括 PIE、POF。检测合格（符合 4.1 和 4.2 的要求）的方可保存；不合格光盘应报废，重新刻录并检测合格后才可保存。

7.2 光盘的检测环境应符合 5.2 的规定。

7.3 光盘检测设备的光路和光学头应符合附录 C 的要求。

7.4 光盘检测前，检测设备应用基准光盘校验定标，保证检测数据的可靠性和一致性。

7.5 相同条件下（相同软硬件平台、相同刻录倍速、相同工作环境等）刻录产生的同一批光盘，可依据 GB/T 2828.1—2012 进行随机抽样检测。

7.6 AQL 的数值应不大于 1，按一般检验水平Ⅱ来抽检；根据批量光盘数 N，按照附录 D 表 D.1 样本量字码表的规定确定出样本量字码。

7.7 根据样本量字码和 AQL，按照表 D.2 正常检验一次抽样方案的规定确定出接收数 Ac、拒收数 Re 以及需要抽检的样本量 n。

7.8 按系统随机抽样方法确定抽取样本：首先给批中每个光盘编号 1～N，然后确定抽样间隔，若样本量为 n，则取 N/n 的整数部分作为抽样间隔，最后按抽样间隔从批中抽取样本。

7.9 执行上述方法进行抽样检测后，如果所检批样本不合格数未超过接收数 Ac，则认为该批合格，但应把所抽检的样本中不合格品重新刻录后再交验。全部合格后的批方可保存。如果所检批样本不合格数达到或超过拒收数 Re，则判断整批产品为不合格产品，整批产品应返工后再交验。合格后才可保存。

8 光盘的标签

8.1 如果需要在标签面书写，应使用内含水性墨水的软笔。标签面完全被软笔字迹色素覆盖的光盘按照附录 A 的规定进行湿热试验后应符合要求。光盘湿热试验可委托专业机构完成。

8.2 如通过光盘打印的方法制作光盘标签，应使用支持光盘盘面打印的打印机，在计算机上排版和操作打印机。标签面完全被打印字迹色素覆盖的光盘按照附录 A 的规定进行湿热试验后应符合要求。

8.3 不应使用粘贴标签。

9 光盘的保存、使用和维护

9.1 光盘的保存

9.1.1 光盘应根据光盘盒特性垂直存放或水平存放。

9.1.2 保存环境的温湿度应符合下列要求：温度 4 ℃～20 ℃，相对湿度 20%～50%；温湿度选定后，每昼夜温度波动幅度不应大于±2 ℃，相对湿度波动幅度不应大于±5%。

9.1.3 保存环境照度应不小于 50 lx（垂直面、高度 0.25 m），照明光源紫外线含量不大于 75 μW/lm。

9.1.4 保存环境中有害气体及颗粒物应符合表 1 所列要求。

表 1 光盘保存环境中有害气体及颗粒物的要求

有害物种类	允许值	单位
二氧化硫（SO_2）	≤10	10^{-9}（体积分数）
氮氧化物（NO_x）	≤10	10^{-9}（体积分数）
臭氧（O_3）	≤10	10^{-9}（体积分数）
乙酸（CH_3COOH）	<4	10^{-9}（体积分数）
甲醛（HCHO）	<4	10^{-9}（体积分数）
颗粒物	≤50	$\mu g/m^3$

9.1.5 保存环境应远离强热源及有害气体源。

9.2 光盘的使用

9.2.1 应在下列环境中使用光盘：温度 15 ℃～35 ℃，温度梯度不大于 10 ℃/h；相对湿度 45%～70%，相对湿度梯度不大于 10%/h；大气压力 75 kPa～106 kPa；照度不小于 200 lx（水平面、高度 0.75 m）；照明光源紫外线含量不大于 75 μW/lm。

9.2.2 在准备刻录光盘前才拆除串轴盒或光盘盒外的塑封包装。

9.2.3 不应使用刻录机读取光盘。

9.2.4 手拿光盘时用两个手指捏住光盘的中心孔和外缘，不应用手弯曲光盘。

9.2.5 使用后应立即把光盘放回光盘盒。

9.3 光盘的维护

9.3.1 擦拭光盘去除灰尘、指纹和液体等污物，应使用干净的棉布从光盘的中心沿半径方向朝光盘的外缘擦拭，不应沿光盘的圆周方向擦拭光盘。

9.3.2 可使用蒸馏水或去离子水去除光盘上的污物，难以清除的，可使用稀释的异丙醇。用无绒布或擦镜纸做湿的擦洗和拭干。

10 光盘的三级预警和性能监测

10.1 为保证光盘的数据安全，设立三级预警线：

——一级预警线，CD-R 光盘的 BLER=120 帧每秒，DVD-R、DVD+R 光盘的 PIE=140；

——二级预警线，CD-R 光盘的 BLER=160 帧每秒，DVD-R、DVD+R 光盘的 PIE=180；

——三级预警线，CD-R 光盘的 BLER=200 帧每秒，DVD-R、DVD+R 光盘的 PIE=240。

10.2 光盘检测的时间周期为：未达到一级预警线，每两年检测 BLER 或 PIE 一次；在一级预警线到二级预警线之间（不含二级预警线），每一年检测 BLER 或 PIE 一次；在二级预警线到三级预警线之间（不含三级预警线），每半年检测 BLER 或 PIE 一次。

10.3 为光盘建立监测档案，绘制 BLER 或 PIE 时间曲线，建立光盘寿命曲线数据库。

10.4 抽检方法可按 7.5、7.6、7.7、7.8 的规定进行。

11 光盘的数据迁移

使用档案级可录类光盘作为电子档案存储载体时，应建立定期检测制度，监控光盘关键性能参数，适时实施光盘的数据迁移。当光盘性能参数达到或超过 10.1 规定的三级预警线时，应立即把该光盘的数据迁移到新的光盘或其他存储载体上，并做好数据迁移记录。

附 录 A
（规范性）
档案级可录类光盘 CD-R、DVD-R、DVD＋R 的湿热试验

为测试光盘抵抗温湿度的能力，规定档案级可录类光盘 CD-R、DVD-R、DVD＋R 在模拟室外湿热大气的人工气候加速老化环境条件下，仍能达到规定的技术指标。

将待测档案级可录类光盘 CD-R、DVD-R、DVD＋R 盘片垂直放置在温度 80 ℃、相对湿度 85％的温湿度老化试验箱内，持续 96 h 后取出。将光盘放置在检测环境（见 5.2）中 24 h 后，经检测，档案级可录类光盘 CD-R 各项性能参数应符合 4.1.6 的要求，档案级可录类光盘 DVD-R、DVD＋R 应符合 4.2.6 的要求。

附 录 B
（规范性）
档案级可录类光盘 CD-R、DVD-R、DVD+R 的原材料选择、生产工艺和出厂质量检测

B.1 档案级可录类光盘原材料选择

B.1.1 档案级可录类光盘生产原材料应受到严格控制。其光盘产品应通过湿热试验。

B.1.2 用于档案级可录类光盘生产的聚碳酸酯(PC)塑料不应使用回用料。

B.1.3 注塑用压模的沟槽设计应与所使用的记录层材料匹配，压模的导入区应有刻录机能识别的最佳写功率和写策略。

B.1.4 记录层宜选用酞菁或偶氮(AZO)材料。

B.1.5 反射层金属材料应选择金或银合金。

B.1.6 标签面应采用可书写型油墨或可打印型油墨。

B.1.7 油墨、保护胶和黏合胶应通过光盘湿热试验。

B.2 档案级可录类光盘生产工艺

B.2.1 注塑机工艺参数和模温的选择应确保盘基的厚度、厚度均匀度、双折射、径向偏差、切向偏差等技术指标。注塑机启动后或工艺参数调整后，前 50 片盘基不用于档案级可录类光盘。

B.2.2 记录层染料旋涂工艺应确保染料层厚度均匀度。

B.2.3 金属溅镀工艺应确保金属反射层厚度均匀度和光盘反射率技术指标。

B.2.4 保护层涂覆工艺应确保对染料层和金属反射层的有效覆盖，保护它们与空气完全隔绝。

B.2.5 终端在线检测应有分级筛选功能，设置缺陷、径向偏差、切向偏差等分级指标使生产线把档案级可录类光盘和其他等级光盘分开。

B.2.6 档案级可录类光盘标签面印刷图案应有专用标志。

B.2.7 档案级可录类光盘上应标明容量、生产日期、批次等信息。

B.2.8 除上述光盘生产传统工艺外，生产企业还可以增加有利于提高光盘保存寿命的其他工艺。

B.2.9 光盘的生产工艺应保持稳定。

B.3 档案级可录类光盘的出厂质量检测

B.3.1 档案级可录类光盘在出厂前应经过严格的质量检测。

B.3.2 档案级可录类光盘的检测环境应符合 5.2 规定的条件。

B.3.3 档案级可录类光盘的检测仪器应使用符合附录 C 要求的光路和光学头。

B.3.4 档案级可录类光盘的检测仪器在检测前应用基准光盘定标。

B.3.5 档案级可录类光盘的检测参数参见相应光盘行业标准中所规定的质量检测参数指标，并符合第 4 章的要求。

附 录 C
（规范性）
检测光学系统

C.1 检测光路

用于档案级可录类光盘CD-R、DVD-R、DVD＋R常规检测参数的检测光学系统应符合图C.1所示要求。

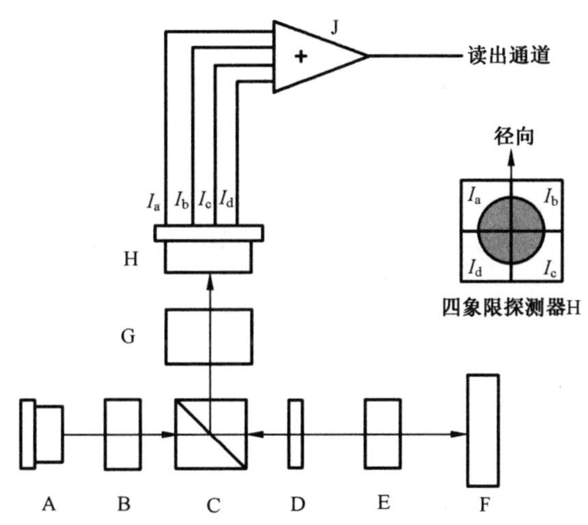

标引序号说明：

A ——半导体激光器；
B ——准直透镜；
C ——偏振分光棱镜；
D ——λ/4波片；
E ——物镜；
F ——光盘；
G ——像散法光学系统；
H ——四象限探测器；
I_a、I_b、I_c、I_d——各象限输出信号；
J ——直流放大器。

图C.1 检测光学系统

C.2 检测光学头

档案级可录类光盘CD-R、DVD-R、DVD＋R常规检测参数的检测光学头特性应符合表C.1所列要求。

表C.1 档案级可录类光盘CD-R、DVD-R、DVD＋R常规检测参数的检测光学头特性

项目	CD-R	DVD-R	DVD＋R
波长(λ)	780 nm±10 nm	635 nm±5 nm	650 nm±5 nm
偏光	圆偏光	圆偏光	圆偏光
数值孔径	0.45±0.01	0.60±0.01	0.60±0.01

表 C.1 档案级可录光盘 CD-R、DVD-R、DVD+R 常规检测参数的检测光学头特性（续）

项目	CD-R	DVD-R	DVD+R
物镜部分边缘的光强度	>50% I_{max}	径向:>35% I_{max} 切向:>50% I_{max}	径向:60%～70% I_{max} 切向:>90% I_{max}
像差	<0.07λ rms	<0.033λ rms	<0.033λ rms

附 录 D
（规范性）
样本量字码及正常检验一次抽样方案

表 D.1、表 D.2 给出了样本量字码、正常检验一次抽样方案。

表 D.1 样本量字码

批量	特殊检验水平				一般检验水平		
	S-1	S-2	S-3	S-4	Ⅰ	Ⅱ	Ⅲ
2～8	A	A	A	A	A	A	B
9～15	A	A	A	A	A	B	C
16～25	A	A	B	B	B	C	D
26～50	A	B	B	C	C	D	E
51～90	B	B	C	C	C	E	F
91～150	B	B	C	D	D	F	G
151～280	B	C	D	E	E	G	H
281～500	B	C	D	E	F	H	J
501～1 200	C	C	E	F	G	J	K
1 201～3 200	C	D	E	G	H	K	L
3 201～10 000	C	D	F	G	J	L	M
10 001～35 000	C	D	F	H	K	M	N
35 001～150 000	D	E	G	J	L	N	P
150 001～500 000	D	E	G	J	M	P	Q
500 001 及以上	D	E	H	K	N	Q	R

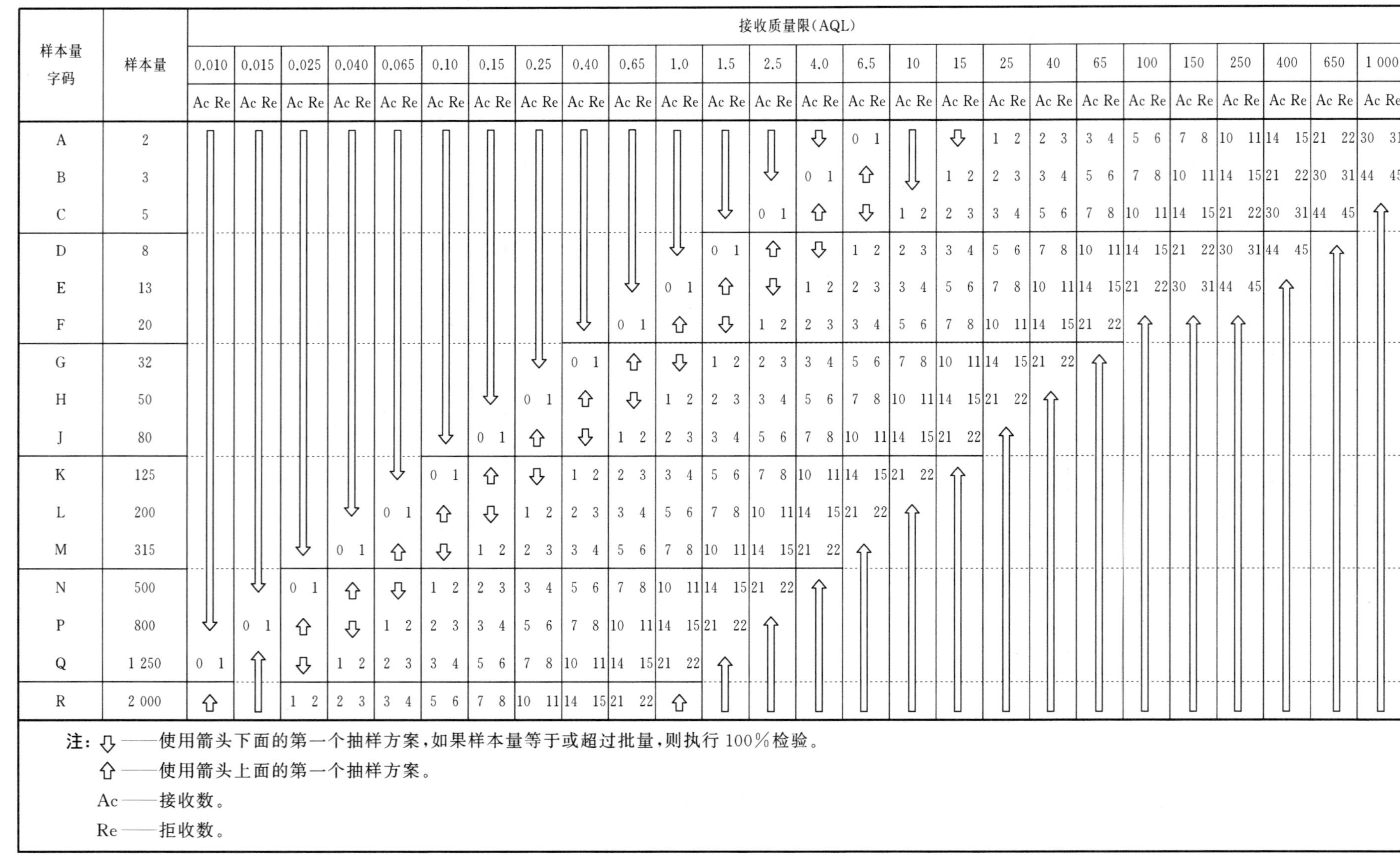

表 D.2 正常检验一次抽样方案

样本量字码	样本量	接收质量限(AQL)																									
		0.010	0.015	0.025	0.040	0.065	0.10	0.15	0.25	0.40	0.65	1.0	1.5	2.5	4.0	6.5	10	15	25	40	65	100	150	250	400	650	1 000
		Ac Re	Ac Re	Ac Re	Ac Re	Ac Re	Ac Re	Ac Re	Ac Re	Ac Re	Ac Re	Ac Re	Ac Re	Ac Re	Ac Re	Ac Re	Ac Re	Ac Re	Ac Re	Ac Re	Ac Re	Ac Re	Ac Re	Ac Re	Ac Re	Ac Re	Ac Re
A	2	↓	↓	↓	↓	↓	↓	↓	↓	↓	↓	↓	↓	↓	↓	0 1	↓	↓	1 2	2 3	3 4	5 6	7 8	10 11	14 15	21 22	30 31
B	3	↓	↓	↓	↓	↓	↓	↓	↓	↓	↓	↓	↓	↓	0 1	↑	↓	1 2	2 3	3 4	5 6	7 8	10 11	14 15	21 22	30 31	44 45
C	5	↓	↓	↓	↓	↓	↓	↓	↓	↓	↓	↓	↓	0 1	↑	↓	1 2	2 3	3 4	5 6	7 8	10 11	14 15	21 22	30 31	44 45	↑
D	8	↓	↓	↓	↓	↓	↓	↓	↓	↓	↓	↓	0 1	↑	↓	1 2	2 3	3 4	5 6	7 8	10 11	14 15	21 22	30 31	44 45	↑	↑
E	13	↓	↓	↓	↓	↓	↓	↓	↓	↓	↓	0 1	↑	↓	1 2	2 3	3 4	5 6	7 8	10 11	14 15	21 22	30 31	44 45	↑	↑	↑
F	20	↓	↓	↓	↓	↓	↓	↓	↓	↓	0 1	↑	↓	1 2	2 3	3 4	5 6	7 8	10 11	14 15	21 22	↑	↑	↑	↑	↑	↑
G	32	↓	↓	↓	↓	↓	↓	↓	↓	0 1	↑	↓	1 2	2 3	3 4	5 6	7 8	10 11	14 15	21 22	↑	↑	↑	↑	↑	↑	↑
H	50	↓	↓	↓	↓	↓	↓	↓	0 1	↑	↓	1 2	2 3	3 4	5 6	7 8	10 11	14 15	21 22	↑	↑	↑	↑	↑	↑	↑	↑
J	80	↓	↓	↓	↓	↓	↓	0 1	↑	↓	1 2	2 3	3 4	5 6	7 8	10 11	14 15	21 22	↑	↑	↑	↑	↑	↑	↑	↑	↑
K	125	↓	↓	↓	↓	↓	0 1	↑	↓	1 2	2 3	3 4	5 6	7 8	10 11	14 15	21 22	↑	↑	↑	↑	↑	↑	↑	↑	↑	↑
L	200	↓	↓	↓	↓	0 1	↑	↓	1 2	2 3	3 4	5 6	7 8	10 11	14 15	21 22	↑	↑	↑	↑	↑	↑	↑	↑	↑	↑	↑
M	315	↓	↓	↓	0 1	↑	↓	1 2	2 3	3 4	5 6	7 8	10 11	14 15	21 22	↑	↑	↑	↑	↑	↑	↑	↑	↑	↑	↑	↑
N	500	↓	↓	0 1	↑	↓	1 2	2 3	3 4	5 6	7 8	10 11	14 15	21 22	↑	↑	↑	↑	↑	↑	↑	↑	↑	↑	↑	↑	↑
P	800	↓	0 1	↑	↓	1 2	2 3	3 4	5 6	7 8	10 11	14 15	21 22	↑	↑	↑	↑	↑	↑	↑	↑	↑	↑	↑	↑	↑	↑
Q	1 250	0 1	↑	↓	1 2	2 3	3 4	5 6	7 8	10 11	14 15	21 22	↑	↑	↑	↑	↑	↑	↑	↑	↑	↑	↑	↑	↑	↑	↑
R	2 000	↑	↑	1 2	2 3	3 4	5 6	7 8	10 11	14 15	21 22	↑	↑	↑	↑	↑	↑	↑	↑	↑	↑	↑	↑	↑	↑	↑	↑

注：↓——使用箭头下面的第一个抽样方案，如果样本量等于或超过批量，则执行100%检验。

↑——使用箭头上面的第一个抽样方案。

Ac——接收数。

Re——拒收数。

ICS 01.140.20
CCS A 14

中华人民共和国档案行业标准

DA/T 45—2021
代替 DA/T 45—2009

档案馆高压细水雾灭火系统技术规范

Technical specification for high pressure water mist system in archives

2021-05-26 发布 2021-10-01 实施

国家档案局 发布

前　言

本文件按照GB/T 1.1—2020《标准化工作导则　第1部分:标准化文件的结构和起草规则》的规定起草。

本文件代替DA/T 45—2009《档案馆高压细水雾灭火系统技术规范》,与DA/T 45—2009相比,除结构调整和编辑性改动外,主要技术变化如下:

——更改了高压细水雾灭火系统的适用范围,与现行国家标准和档案行业标准要求保持一致(见4.1.1,2009年版的4.1.2);

——删除了高压细水雾灭火系统不宜保护的档案库房类型(见2009年版的4.1.3);

——更改了各应用场所系统喷雾强度与喷头选型的设计参数(见4.3.5、4.3.7、4.4.3,2009年版的4.3.7、4.3.8、4.4.3);

——更改了高压细水雾雾滴直径的要求(见3.1.3,2009年版的3.1.1);

——增加了高压细水雾灭火系统实体火灾模拟试验基本要求(见附录A);

——增加了用于保护珍贵档案的库房和电子信息机房的喷头技术要求(见4.4.7);

——增加了高压细水雾灭火系统验收时模拟喷雾要求(见7.5.9)。

请注意本文件的某些内容可能涉及专利。本文件的发布机构不承担识别专利的责任。

本文件由国家档案局提出并归口。

本文件起草单位:上海市档案局、上海市浦东新区档案局、上海同泰火安科技有限公司。

本文件主要起草人:肖林、张建明、费美荣、丛北华、方桂芳、李旻、张黎、施惠刚、钱唐根、张喆。

本文件历次版本发布情况为:

——2009年首次发布为DA/T 45—2009;

——本次为第二次修订。

引　言

DA/T 45—2009 自 2010 年 1 月实施以来已有 10 年。为更好地保护档案安全、信息安全和人员安全，合理规范对高压细水雾灭火系统进行设计、施工、验收和维护管理，根据 2019 年 7 月国家档案局办公室关于印发《全国档案工作标准化技术委员会第二十七次年会会议纪要》的通知，上海市档案局和上海市浦东新区档案局会同有关单位，对 DA/T 45—2009 进行了修订。

档案馆高压细水雾灭火系统技术规范

1 范围

本文件规定了高压细水雾灭火系统的设计、施工、验收及维护管理的技术要求。

本文件适用于档案馆中设置的高压细水雾灭火系统。

2 规范性引用文件

下列文件中的内容通过文中的规范性引用而构成本文件必不可少的条款。其中，注日期的引用文件，仅该日期对应的版本适用于本文件；不注日期的引用文件，其最新版本（包括所有的修改单）适用于本文件。

GB/T 985.1 气焊、焊条电弧焊、气体保护焊和高能束焊的推荐坡口

GB 5749 生活饮用水卫生标准

GB/T 12771 流体输送用不锈钢焊接钢管

GB/T 14976 流体输送用不锈钢无缝钢管

GB 16806 消防联动控制系统

GB 17324 瓶（桶）装饮用纯净水卫生标准

GB/T 20878 不锈钢和耐热钢 牌号及化学成分

GB 50116 火灾自动报警系统设计规范

GB 50166 火灾自动报警系统施工及验收标准

GB 50231 机械设备安装工程施工及验收通用规范

GB 50235 工业金属管道工程施工规范

GB 50236 现场设备、工业管道焊接工程施工规范

GB 50275 风机、压缩机、泵安装工程施工及验收规范

GB 50898 细水雾灭火系统技术规范

JGJ 25 档案馆建筑设计规范

3 术语和符号

3.1 术语

JGJ 25、GB 50898 界定的以及下列术语和定义适用于本文件。

3.1.1

细水雾 water mist

水在最小设计工作压力下，经喷头喷出并在喷头轴线向下 1.0 m 处的平面上所产生的雾滴直径 $Dv_{0.50}$ 小于 200 μm，$Dv_{0.99}$ 小于 400 μm 的水雾滴。

[来源：GB 50898—2013，2.1.1]

3.1.2

细水雾灭火系统 water mist fire protection system

由一个或多个细水雾喷头、供水管网、加压供水设备及相关控制装置等组成，能在发生火灾时向保

护对象或空间喷放细水雾产生扑灭、抑制或控制火灾效果的自动系统。

3.1.3

高压细水雾　high pressure water mist

细水雾喷头设计工作压力不小于 10 MPa，经喷头喷出并在喷头轴线向下 1.0 m 处的平面上形成的雾滴直径 $Dv_{0.99}$ 小于 100 μm 的水雾。

3.1.4

高压细水雾灭火系统　high pressure water mist system

系统工作压力大于或等于 3.5 MPa 的细水雾灭火系统。

3.1.5

防护区　enclosure

能够满足细水雾灭火系统灭火要求的封闭或者部分封闭的空间。

3.1.6

分区控制阀　section valve

接收系统控制盘的控制信号而开启，使细水雾喷头向对应的防护对象喷放实施灭火的控制阀。

3.1.7

泵组式系统　pumped water mist system

采用水泵对系统进行加压供水的细水雾灭火系统。

［来源：GB 50898—2013，2.1.4，有修改］

3.1.8

瓶组式系统　self-contained water mist system

采用瓶组贮存的加压气源并对系统加压供水的细水雾灭火系统。

［来源：GB 50898—2013，2.1.5，有修改］

3.1.9

开式系统　open water mist system

以火灾探测系统的报警信号作为启动信号，自动控制分区控制阀和水泵启动，通过供水管网、开式喷头向防护区内喷放细水雾进行灭火的系统。

注：开式系统按应用方式又分为开式全室应用系统、开式分区应用系统和开式局部应用系统。

3.1.10

开式全室应用系统　total compartment application water mist system

向整个防护区内均匀地喷放细水雾，保护其内部所有保护对象的细水雾灭火系统。

3.1.11

闭式系统　closed water mist system

通过喷头感温元件打开闭式喷头，向防护区内喷放细水雾进行灭火的系统。

注：闭式系统分为闭式湿式系统和闭式预作用系统。

3.1.12

响应时间　response time

系统从火灾自动报警系统发出灭火指令起至系统中最不利点喷头喷出细水雾的时间。

［来源：GB 50898—2013，2.1.10］

3.2　符号

下列符号适用于本文件。

C——管道摩阻系数；

d——管道内径；

f——摩阻系数；
K——喷头流量系数；
L——管道计算长度；
n——累计计算喷头数；
P——喷头的设计工作压力；
P_e——最不利点处喷头与贮水箱最低水位的高差；
P_f——管道的总水头损失；
P_s——最不利点处喷头的工作压力；
P_t——系统的设计供水压力；
Q_s——系统设计流量；
Q——管道的流量；
q——喷头的设计流量；
q_i——计算喷头的设计流量；
Re——雷诺数；
t——系统的设计喷雾时间；
k——系统的设计流量安全系数；
V——贮水箱设计所需有效容积；
ρ——流体密度；
μ——动力粘度；
Δ——管道相对粗糙度；
ε——管道粗糙度。

4 系统设计

4.1 一般规定

4.1.1 高压细水雾灭火系统适用于建标 103—2008 所定义的各类档案库房、对外服务用房、档案业务与技术用房、办公用房和附属用房。
4.1.2 档案馆高压细水雾灭火系统的设计应依据设定的消防目标，结合防护对象的功能、几何特性和火灾特性，合理选择系统类型，积极采用新技术、新设备、新材料，做到安全可靠、技术先进、经济合理。
4.1.3 档案馆高压细水雾灭火系统的设计应考虑下列因素：
a） 防护对象可能存在的火灾特性；
b） 防火性能目标；
c） 防护空间的几何尺寸；
d） 环境风速或通风状况；
e） 火灾探测系统类型；
f） 高压细水雾灭火系统的启动方式；
g） 喷头的性能及管道、喷头的布置方式；
h） 最高或最低环境温度。
4.1.4 高压细水雾灭火系统的设计应包含下列基本参数：
a） 喷头的流量系数，喷头的设计工作压力、最小工作压力；
b） 系统的喷雾强度、闭式系统的作用面积；
c） 喷头最大间距、最大安装高度及喷头距墙的最大距离；

d） 系统的喷雾时间和作用面积。

4.1.5 高压细水雾系统的防护区应符合下列要求：

a） 防护区内应设置声、光报警装置及应急照明和疏散指示标志；

b） 防护区的入口处应设置喷放指示装置；

c） 防护区的疏散门应向疏散方向开启。

4.1.6 采用开式全室应用系统时，防护区内影响灭火有效性的开口宜在系统动作时联动关闭。当这些开口不能在系统启动时自动关闭，宜在该开口部位的上方增设补偿喷头。

4.1.7 采用开式局部应用和分区应用系统时，周围气流速度不宜超过 3 m/s，超过时应采取围挡措施。

4.2 系统选型

4.2.1 档案馆各类用房设置高压细水雾灭火系统时，应根据防护对象的防火性能目标、火灾特性和防护区的使用性质、几何尺寸以及环境因素确定系统的类型。

4.2.2 系统选型应符合下列规定：

a） 以密集架柜存储的档案库房、电子信息机房、档案业务与技术用房（含保护、缩微、数字化）等宜选择开式系统。

b） 采用非密集柜存储的档案库房、对外服务用房、办公用房和附属用房，宜选择闭式系统。

4.2.3 当防护区的电力供给无保障，且防护区体积不大于 260 m^3 时，可选用瓶组式系统；其他防护区应选用泵组式系统。

4.3 设计参数

4.3.1 开式高压细水雾系统设计持续喷雾时间应不少于 30 min，电子信息机房开式高压细水雾系统设计持续喷雾时间不少于 20 min。

4.3.2 开式高压细水雾系统的响应时间应不大于 30 s。

4.3.3 开式全室应用系统应用于档案库房，所保护的单个防护区最大面积不宜大于 1 000 m^2，体积不宜大于 3 000 m^3；当超过该面积及体积时，应以相关的火灾实验为依据或采用开式分区应用系统；当防护区进行分区保护时，每个分区的面积不宜小于 140 m^2。

4.3.4 开式分区应用系统的作用面积应为需同时启动相邻分区控制阀对应的保护面积之和，每个分区控制阀的保护面积不宜小于 140 m^2。

当在相邻部位交错重叠布置喷头时，系统的作用面积可只按一个分区和喷头交错部分的保护面积之和确定。喷头重叠部位的宽度不应小于 3 m，水雾喷头布置应不少于 2 排，喷头间距应不大于 2.5 m，排间距宜为 1.25 m～1.50 m。

4.3.5 开式全室应用系统和开式分区应用系统设计参数可根据表 1 确定。

表 1 开式全室应用系统和分区应用系统的设计参数

应用场所类型	最小喷雾强度/（L/min·m^2）	喷头最大安装高度/m	喷头设计工作压力/MPa	喷头流量系数/[L/min·$(MPa)^{-1/2}$]
密集架柜存储的档案库房	2.2	5	10.0	2.0
	1.3	4		1.2
	0.75	3		0.7

表 1　开式全室应用系统和分区应用系统的设计参数（续）

应用场所类型	最小喷雾强度/（L/min·m²）	喷头最大安装高度/m	喷头设计工作压力/MPa	喷头流量系数/[L/min·(MPa)$^{-1/2}$]
电子信息机房	1.3	7	10.0	1.0
	0.75	5		0.5
档案业务与技术用房（电子信息机房除外）	1.3	5	10.0	1.2
	0.75	3		0.7
注 1：喷头最大安装间距不宜大于 3.0 m。 注 2：系统最小喷雾强度可按安装高度插值法选取。				

4.3.6　闭式高压细水雾系统的作用面积为 140 m²，设计持续喷雾时间应不少于 30 min。

4.3.7　闭式高压细水雾灭火系统的设计参数可根据表 2 确定。

表 2　闭式高压细水雾灭火系统的设计参数

应用场所类型	最小喷雾强度/（L/min·m²）	喷头最大安装高度/m	喷头设计工作压力/MPa	喷头流量系数/[L/min·(MPa)$^{-1/2}$]
非密集架柜存储的档案库房	3.0	4.0	10.0	2.5
	2.3	3.0		2.0
对外服务用房、办公用房和附属用房	1.5	5.0	10.0	2.0
	1.2	4.0		1.5
	1.0	3.0		1.2
注 1：喷头最大安装间距不宜大于 3.0 m。 注 2：系统最小喷雾强度可按高度插值法选取。				

4.3.8　闭式系统应设置与楼层或保护区域一一对应的分区控制阀，且水流信号应反馈至消防控制室。每个分区控制阀所对应的保护区域面积不应超过 1 000 m² 或喷头总数不应超过 100 只。

4.3.9　当场所的保护类型、喷雾强度、喷头设计工作压力、安装高度等不满足 4.3.5 和 4.3.7 的规定时，系统的设计参数及喷头布置应经第三方权威机构认可的火灾模拟试验来确定。

4.3.10　为确定系统设计参数的火灾模拟试验应符合附录 A 的规定。在工程应用中采用实体模拟试验结果时，应符合下列规定：

a)　系统设计喷雾强度不应小于试验所用喷雾强度；

b)　喷头最低工作压力不应小于试验测得最不利点喷头的工作压力；

c)　喷头布置间距和安装高度分别不应大于试验时的喷头间距和安装高度；

d)　喷头的安装角度应与试验安装角度一致。

4.4　喷头布置

4.4.1　除局部应用高压细水雾灭火系统外，喷头宜按正方形布置；喷头最大安装间距不宜大于 3.0 m，喷头距离墙壁或水平障碍物的距离不应大于 1.5 m。

4.4.2　闭式细水雾系统的喷头布置除满足 4.4.1 的规定外，尚应符合下列规定：

a) 闭式喷头的响应时间指数不大于$30(m \cdot s)^{0.5}$；

b) 闭式喷头的最小安装间距不应小于2.0 m；

c) 闭式喷头应布置在楼板或吊顶下，喷头的感温组件与顶棚或梁底的距离不宜小于75 mm，并不宜大于150 mm。当场所内设置吊顶时，喷头可贴临吊顶布置；

d) 闭式喷头与保护对象之间不宜有遮挡物，喷头与遮挡物的距离应保证遮挡物不影响喷头正常喷放细水雾；当无法避免时，应采取补偿措施。

4.4.3 细水雾喷头布置于电缆层或地板下时，或当净空高度小于0.8 m时，宜选择适用于低矮空间的喷头；系统的设计参数及其喷头的布置间距宜符合表3的规定。

表3 喷头布置要求

应用场所	最小喷雾强度/($L/min \cdot m^2$)	喷头设计工作压力/MPa	喷头流量系数[$L/min \cdot (MPa)^{-1/2}$]	喷头最小喷雾角度/°	喷头最大间距/m	喷头与端墙最大距离/m
净空高度小于0.8 m的狭小空间或电缆层内	0.5	10.0	0.5	170	3.0	1.0

4.4.4 开式系统的喷头布置应能保证细水雾喷放均匀并完全覆盖保护区域，并应符合下列规定：

a) 喷头与墙壁的距离不应大于喷头最大布置间距的二分之一；

b) 喷头与其他遮挡物的距离应保证遮挡物不影响喷头正常喷放细水雾；当无法避免时，应采取补偿措施；

c) 对于电缆隧道或夹层，喷头宜布置在电缆隧道或夹层的上部，并应能使细水雾完全覆盖整个电缆或电缆桥架。

4.4.5 开式系统用于密集架柜存储的档案库房时，其喷头布置应能保证细水雾完全包络或覆盖密集架柜，喷头与密集架柜的距离不宜小于1.0 m。

4.4.6 喷头与无绝缘带电设备的最小距离不应小于表4的规定。

表4 喷头与无绝缘带电设备的最小距离

带电设备额定电压等级 V/kV	最小距离/m
$110<V\leqslant 220$	2.2
$35<V\leqslant 110$	1.1
$V\leqslant 35$	0.5

4.4.7 用于保护珍贵档案的库房和电子信息机房的喷头前段应加防滴漏单向阀，防止高压细水雾自动灭火系统工作结束后，管道残留水顺着喷头滴入防护区。

4.5 水力计算

4.5.1 高压细水雾系统管道的水头损失应按式(1)～式(3)计算：

$$P_f = 0.2252 \frac{fL\rho Q^2}{d^5} \quad \cdots\cdots(1)$$

$$Re = 21.22 \frac{Q\rho}{d\mu} \quad \cdots\cdots(2)$$

$$\Delta = \frac{\varepsilon}{d} \quad \cdots\cdots(3)$$

式中：

f ——摩阻系数，根据 Re 和 Δ 值按照附录 B 的规定确定；

ρ ——水的密度（kg/m³），查附录 C 确定；

d ——管道内径，单位为毫米（mm）；

Q ——管道的流量，单位为升每分（L/min）；

L ——管道计算长度，单位为米（m）；

P_f ——系统管道的水头损失，包括沿程水头损失和局部水头损失，单位为兆帕（MPa）；

Re ——雷诺数；

μ ——动力粘度（cp），按照附录 C 的规定确定；

Δ ——管道相对粗糙度；

ε ——管道粗糙度（mm）。对于铜管，取 0.001 5 mm；对于不锈钢管，取 0.045 mm。

4.5.2 管件及阀门的局部水头损失宜根据其相应的当量长度计算。对于不锈钢管件和阀门，其当量长度可按附录 D 确定。

4.5.3 系统管道内的水流速度不宜大于 10 m/s，不应超过 20 m/s。

4.5.4 系统的设计供水压力应按式（4）计算：

$$P_t = P_f + P_e + P_s \qquad \cdots\cdots (4)$$

式中：

P_t ——系统的设计供水压力，单位为兆帕（MPa）；

P_f ——系统管道的水头损失，包括沿程水头损失和局部水头损失，单位为兆帕（MPa）；

P_e ——最不利点处喷头与贮水箱最低水位的高差，单位为兆帕（MPa）；

P_s ——最不利点处喷头的工作压力，单位为兆帕（MPa）。

4.5.5 喷头的设计流量应按式（5）计算：

$$q = K\sqrt{10P} \qquad \cdots\cdots (5)$$

式中：

q ——喷头的设计流量，单位为升每分（L/min）；

K——喷头的流量系数，[L/min·(MPa)$^{-1/2}$]；

P——喷头的设计工作压力，单位为兆帕（MPa）。

4.5.6 系统的设计流量应按式（6）计算：

$$Q_s = k \cdot \sum_{i=1}^{n} q_i \qquad \cdots\cdots (6)$$

式中：

Q_s ——系统设计流量，单位为升每分（L/min）；

k ——系统设计流量安全系数，应取 1.05～1.10；

n ——累计计算喷头数；

q_i ——计算喷头的设计流量，单位为升每分（L/min）。

4.5.7 闭式系统的设计流量，应为水力计算最不利的计算面积内所有喷头的流量之和。开式系统的设计流量应为最大一个防护区内喷头的流量之和。

4.5.8 系统设计流量的计算，应确保任意计算面积内任意 4 只喷头围合范围内的平均喷雾强度不低于 4.3.5、4.3.7 和 4.3.9 的规定值或火灾模拟试验确定的喷雾强度值。

4.5.9 系统贮水箱的设计所需有效容积应按式（7）计算：

$$V = Q_s \cdot t \qquad \cdots\cdots (7)$$

式中：

V ——贮水箱的设计所需有效容积，单位为升（L）；

Q_s ——系统设计流量,单位为升每分(L/min);

t ——系统的设计喷雾时间,单位为分(min)。

在火灾情况下能保证连续可靠补水时,泵组式系统贮水箱的储水容量可减去火灾时系统持续喷雾时间内的补充水量,但至少应保证50%的有效贮水量。

4.6 供水

4.6.1 泵组的设置应符合下列规定:

a) 水泵应设置备用泵。备用泵的工作性能应与最大一台工作泵相同,主、备用泵应具有自动切换功能,并应能手动操作停泵。主、备用泵的自动切换时间间隔不应大于30 s。

b) 闭式系统的泵组系统应设置稳压泵,稳压泵的流量不应大于系统中水力最不利点1只喷头的流量,其工作压力应满足工作泵的启动要求。

c) 当系统采用柱塞泵时,泵进水端的水压应符合水泵制造商的技术要求。

d) 泵组应采用自灌式引水。

e) 消防水泵采用电动机泵时,应按不低于二级负荷供电;采用柴油机泵时,应保证其能持续运行60 min。

4.6.2 泵组式系统应至少有一路可靠的自动补水水源,水质、水量均应满足系统要求。当水源不能满足设计要求时,泵组应设专用的贮水箱,其有效容积应符合4.5.9的规定。

4.6.3 在贮水箱入水口应设置过滤器,出水口或控制阀前宜设置过滤器,过滤器的设置位置应便于维护、更换、清洗等操作。

4.6.4 系统的水质除应符合下列要求外,还应符合制造商的技术要求:

a) 泵组式系统的水质指标:固体悬浮物、浊度及自由氯离子(或氯原子)含量等指标不应低于GB 5749的规定;

b) 瓶组式系统的水质指标:固体悬浮物、浊度及自由氯离子(或氯原子)含量等指标不应低于GB 17324的规定;

c) 系统补水水源的水质应与系统的水质要求一致。

4.6.5 瓶组式系统的备用量设置,应根据防护目标的重要性、维护恢复时间等经综合考虑后确定。对于需要及时更换或维修、更换时间可能超过48 h的瓶组式系统,应按主用量的100%设置备用瓶组。

4.6.6 贮水容器组和贮气容器组的布置应便于检查、测试、重新灌装和维护、维修,其操作面距墙或操作面之间的距离不应小于0.8 m。

4.6.7 泵组控制装置应布置在干燥、通风的部位,并应便于操作和检修。

4.6.8 泵组或其他供水设备应满足高压细水雾系统对流量和工作压力的要求,其工作状态及其供电状况应能在消防值班室进行监视。

4.7 阀门和管道布置

4.7.1 开式系统应按防护区设置分区控制阀。分区控制阀应设置在防护区外便于操作、检查和维护的位置。

4.7.2 闭式系统应按楼层或保护区域设置分区控制阀。闭式系统中的分区控制阀应为带开关锁定或开关指示的阀组。

4.7.3 当分区控制阀上无系统动作信号反馈装置时,应在分区控制阀后的主管道上设置系统动作信号反馈装置。

4.7.4 每台高压泵的出水口应设置止回阀,系统出水总管上应设置压力指示装置、手动测试阀、泄放试验阀和安全阀。

4.7.5　在系统管网的最低点处应设置泄水阀，并应在每个控制阀上或其后邻近位置设置区域泄水阀。在闭式系统的最高点处宜设置手动排气阀，每个区域控制阀后的管网末端应设置试水阀。
4.7.6　系统管道应采用金属支、吊架固定。支、吊架应进行防腐处理，且应采取避免与系统管道发生电化学腐蚀的措施。
4.7.7　管道支、吊架应固定在建筑构件上，并应能承受管道充满水时的重量。系统最大工作压力小于或等于1.2 MPa时，系统管道支、吊架的间距不应大于表5的规定；系统最大工作压力大于1.2 MPa时，系统管道支、吊架的间距不应大于表6的规定。

表5　系统管道支、吊架的最大间距（系统最大工作压力≤1.2 MPa）

公称直径/mm	≤25	25	32	40	50	70	80	100
最大间距/m	3.0	3.5	4.0	4.5	5.0	6.0	6.0	6.5

表6　系统管道支、吊架的最大间距（系统最大工作压力＞1.2 MPa）

管道外径/mm	≤15	20	25	32	40	50	60	≥80
最大间距/m	1.5	1.8	2.0	2.5	2.8	3.0	3.5	4.0

5　系统组件

5.1　一般规定

5.1.1　系统应由供水装置、过滤装置、控制阀、细水雾喷头等组件和供水管道组成。
5.1.2　系统组件、管道和管件的公称压力不应小于系统的最大工作压力。泵组系统从水泵吸水口至贮水箱之间的管道、管件、阀门的公称压力不应小于1.0 MPa。
5.1.3　系统组件应具有耐腐蚀性能。
5.1.4　系统的主要组件应设置在能避免机械碰撞等损伤的位置，或采取防机械损伤等的措施。
5.1.5　系统应具有动作信号反馈功能。

5.2　供水装置与过滤器

5.2.1　瓶组式系统的供水装置应由贮水容器、贮气容器和压力指示装置等部件组成，贮水容器、贮气容器应设置安全泄放阀。

同一系统中的贮水容器或贮气容器，其规格、充装量和充装压力应分别一致。

5.2.2　泵组式系统的供水装置宜由贮水箱、消防水泵、水泵控制柜（盘）、安全阀等部件组成，并应符合下列规定：

a）　贮水箱应采用密封结构，并应采用不锈钢或其他能保证水质的材料；
b）　贮水箱应具有防尘、避光的技术措施；
c）　贮水箱应具有保证自动补水的装置，并应设置液位显示、低液位报警装置和溢流、透气及放空装置；
d）　消防水泵的测试水和泄流水宜回流至贮水箱；
e）　消防水泵应具有自动和手动启动功能，应能采用手动操作方式停泵；稳压泵应具有自动启停功能，主备泵应具有自动切换功能；
f）　消防水泵宜具有巡检运行功能，巡检周期不宜大于7 d；当巡检中接到启动指令时，应能立即退出巡检，进入正常运行状态；

g） 消防水泵控制柜的防护等级不应低于 IP54；

h） 安全阀的动作压力应为系统最大工作压力的 1.15 倍。

5.2.3 系统过滤器应符合下列规定：

a） 过滤器的材质应为不锈钢、铜合金或其他耐腐蚀性能相当的材料；

b） 过滤器的网孔直径不应大于喷头最小喷孔直径的 80%；

c） 过滤器的摩擦阻力应能满足系统管网水力计算的要求。

5.2.4 系统供水温度应不低于 4 ℃，不大于 70 ℃。

5.3 阀门与管道、管件

5.3.1 开式系统分区控制阀应符合下列规定：

a） 应具有接收控制信号实现启动、反馈阀门启闭和故障信号的功能；

b） 应具有自动、手动和机械应急操作功能，并应采用手动操作方式关闭阀门；

c） 应在明显位置设置对应于防护区或防护对象的永久性标识，并应标明水流方向。

5.3.2 闭式系统区域控制阀应为带开关锁定或开关指示的阀组。

5.3.3 闭式系统试水阀的接口大小应和管网末端的管道一致，测试水应排至安全的地方。

5.3.4 系统管道应采用奥氏体不锈钢管，或其他耐腐蚀和耐压性能相当的金属管材。管道的材质和性能应符合 GB/T 14976 和 GB/T 12771 的有关规定。

系统最大工作压力不小于 3.50 MPa 时，应采用符合 GB/T 20878 中规定牌号为 022Cr17Ni12Mo2 的奥氏体不锈钢无缝钢管，或其他耐腐蚀和耐压性能不低于该牌号材料的金属管道。

5.3.5 系统管件应满足 GB 50235 相关要求。系统管道连接件的材质应与管道相同。系统管道宜采用专用接头或法兰连接，也可采用氩弧焊焊接。

6 系统控制

6.1 泵组式系统应具有自动、手动控制方式。瓶组式系统应具有自动、手动和机械应急操作控制方式，其机械应急操作方式应能在瓶组间内直接手动启动系统。

6.2 开式系统的自动控制应能在接收到两个独立的火灾信号后启动。闭式系统的自动控制应能在喷头动作后，由动作信号反馈装置直接联锁启动。

手动控制应能在消防控制室和防护区外手动操作并启动系统。泵组式系统还应能在泵房就地操作并启动系统。

6.3 设置有系统的场所以及系统的手动操作位置，应在明显位置设置清楚标明系统的操作指示说明的标识。

手动启动装置和机械应急操作装置应能在一处完成系统启动的全部操作，并应采取防误操作的措施。不同操作方式在外观上应便于辨别，并应有与所保护场所对应的明确标识。

6.4 火灾报警联动系统应能远程启动消防水泵或瓶组、开式系统分区控制阀，并应能接收消防水泵的工作状态、分区控制阀的启闭状态及细水雾喷放的反馈信号。

6.5 系统应设置备用电源。系统的主备电源应能自动和手动切换。当系统采用气动动力源时，应保证系统操作与控制所需要的压力和用气量。

6.6 系统启动时，应联动切断或关闭防护区内或保护对象的除密集架柜电源之外的非消防电源等影响灭火效果或因灭火可能带来更大危害的设备和设施。

6.7 档案装具采用密集架柜时，密集架柜的架与架之间宜留 20 cm 的间隙，以保证灭火效能；密集架柜内设火灾自动报警系统且密集架柜的开启联动时，密集架柜之间可不留间隙，发生火灾时，由火灾自动报警系统联动打开密集架柜。

6.8 与系统联动的火灾自动报警和控制系统的设计，应符合 GB 50116 和 GB 16806 的有关规定。

7 系统施工、调试及验收

7.1 一般规定

7.1.1 系统的子分部工程、分项工程划分可按附录 E 确定。

7.1.2 施工应由具有相应资质的专业施工单位承担。

7.1.3 施工现场应具有相应的施工组织计划，健全的质量管理体系和施工质量检查制度，实现施工全过程质量控制。施工现场质量管理应按附录 F 填写记录。

7.1.4 施工应按照经审核批准的工程设计文件进行。设计变更应经原设计单位同意并进行。

7.1.5 施工过程应按下列规定进行质量控制：

a) 应按 7.2 的规定对系统组件、材料等进行进场检验，检验合格并经监理工程师签证方可安装使用；

b) 各工序应按施工组织计划进行质量控制；每道工序完成后，相关专业工种之间应进行交接检验并做记录，经监理工程师检查认可后方可进行下道工序施工；

c) 应由监理工程师组织施工单位对施工过程进行检查；

d) 隐蔽工程在隐蔽前，施工单位应通知有关单位进行验收并记录。

7.1.6 系统安装过程中应采取必要的安全防护措施。

7.1.7 系统安装完毕，施工单位应进行系统调试。当系统需与有关的火灾自动报警系统及联动控制设备联动时，应联合进行调试。

调试合格后，施工单位应向建设单位提供质量控制资料和按附录 G 填写的全部施工过程检查记录，并提交验收申请报告申请验收。

7.1.8 系统的验收应由建设单位组织施工、设计、监理等单位共同进行，并按附录 H 和附录 I 记录。

7.1.9 系统验收合格后，应将系统恢复至正常运行状态，并向建设单位移交竣工验收文件资料和系统工程验收记录。

系统验收不合格不得投入使用。

7.2 进场检验

7.2.1 材料和系统组件的进场检验应按照表 G.1 填写施工过程质量检查记录。

7.2.2 管材及管件的材质、规格、型号、质量等应符合设计要求和国家现行有关标准的规定。

检查数量：全数检查。

检查方法：检查出厂合格证或质量认证书。

7.2.3 管材及管件的外观应符合下列规定：

a) 表面应无明显的裂纹、缩孔、夹渣、折叠、重皮等缺陷；

b) 法兰密封面应平整光洁，不应有毛刺及径向沟槽；螺纹法兰的螺纹表面应完整无损伤；

c) 密封垫片表面应无明显折损、皱纹、划痕等缺陷。

检查数量：全数检查。

检查方法：观察检查。

7.2.4 管材及管件的规格、尺寸、壁厚和允许偏差应符合有关产品标准和设计的要求。

检查数量：每一规格、型号产品按件数抽查 20%，且不得少于 1 件。

检查方法：用钢尺和游标卡尺测量。

7.2.5 贮水瓶组、贮气瓶组、泵组单元、控制柜(盘)、贮水箱、分区控制阀、过滤器、安全阀等系统主要组件的规格、型号应符合国家现行产品标准和设计要求。

检查数量:全数检查。

检查方法:检查产品出厂合格证和有效质量证明文件。

7.2.6 贮水瓶组、贮气瓶组、泵组单元、贮水箱、分区控制阀、过滤器、安全阀等系统组件的外观应符合下列规定:

a) 无变形及其他机械性损伤;

b) 外露非机械加工表面保护涂层完好;

c) 所有外露口均设有防护堵盖,且密封良好;

d) 铭牌标记清晰、牢固、方向正确;

e) 瓶组签封完好。

检查数量:全数检查。

检查方法:观察检查,并检查产品出厂合格证和有效质量证明文件。

7.2.7 细水雾喷头的进场检验应符合下列要求:

a) 喷头的商标、型号、制造厂及生产时间等标志应齐全、清晰;

b) 喷头的数量和规格型号等应满足设计要求;

c) 喷头外观应无加工缺陷和机械损伤;

d) 喷头螺纹密封面应无伤痕、毛刺、缺丝或断丝现象。

检查数量:不同型号规格分别抽查1%,且不得少于5只。

检查方法:观察检查,并检查喷头出厂合格证和有效质量证明文件。

7.2.8 阀组的进场检验应符合下列要求:

a) 各阀门的商标、型号、规格等标志应齐全;

b) 各阀门及其附件应配备齐全,不得有加工缺陷和机械损伤;

c) 控制阀的明显部位应有标明水流方向的永久性标志;

d) 控制阀的阀瓣及操作机构应动作灵活、无卡涩现象,阀体内应清洁、无异物堵塞。

检查数量:全数检查。

检查方法:观察检查,并检查产品出厂合格证和有效质量证明文件。

7.2.9 贮气瓶组进场时,驱动装置应按产品使用说明规定的方法进行动作检查,动作应灵活、无卡阻现象。

检查数量:全数检查。

检查方法:观察检查。

7.2.10 材料和系统组件在设计上有复验要求或对质量有疑义时,应由监理工程师抽样,并由具有相应资质的检测单位进行检测复验,其复验结果应符合国家现行产品标准和设计要求。

检查数量:按设计要求数量或送检需要量。

检查方法:检查复验报告。

7.2.11 进场抽样检查时有1件不合格,应加倍抽样;若仍有不合格,则判定该批产品不合格。

7.3 安装

7.3.1 系统施工前,设计单位应向施工单位进行技术交底,并应具备下列条件:

a) 经审核批准的设计施工图、设计说明书及设计变更等技术文件齐全;

b) 系统及其主要组件的安装使用、维护说明书等资料齐全;

c) 系统组件和材料应满足7.2的相关规定,具备有效质量证明文件和产品出厂合格证,系统中采用的不能复验的产品,应具有生产厂出具的同批产品检验报告与合格证;

d) 系统组件、管件及其他设备、材料等的品种、规格、型号符合设计要求;

e) 防护区或防护对象及设备间的设置条件与设计文件相符;

f) 系统所需的预埋件和预留孔洞等符合设计要求；

g) 施工现场和施工中使用的水、电、气满足施工要求。

7.3.2 系统的安装应按表 G.2～表 G.5 填写施工过程记录和隐蔽工程验收记录。

7.3.3 贮水瓶组、贮气瓶组的安装应符合下列规定：

a) 应按设计要求确定瓶组的安装位置；

b) 瓶组的安装、固定和支撑应稳固，且固定支框架应进行防腐处理；

c) 瓶组容器上的压力表应朝向操作面，安装高度和方向应一致。

检查数量：全数检查。

检查方法：尺量和观察检查。

7.3.4 泵组的安装除应符合 GB 50231 和 GB 50275 的有关规定外，还应符合下列规定：

a) 系统采用需要润滑脂的柱塞泵时，泵组安装后应充装润滑油并检查油位；

b) 泵组吸水管上的变径处应采用偏心大小头连接；

c) 泵组进出口管道安装前应冲洗管道。

检查数量：全数检查。

检查方法：观察检查，高压泵组应启泵检查。

7.3.5 泵组控制柜的安装应符合下列规定：

a) 控制柜基座的水平度误差不应大于±2 mm，并应做防腐处理及防水措施；

b) 控制柜与基座应采用直径不小于 12 mm 的螺栓固定，每只柜不应少于 4 只螺栓；

c) 做控制柜的上下进出线口时，不应破坏控制柜的防护等级；

d) 控制柜安装的位置不得影响柜门的启闭及操作。

检查数量：全部检查。

检查方法：观察检查。

7.3.6 阀组的安装除应符合 GB 50235 的相关规定外，还应符合下列规定：

a) 应按设计要求确定阀组的观测仪表和操作阀门的安装位置，并应便于观测和操作。阀组上的启闭标志应便于识别；控制阀上应设置标明所控制防护区的永久性标志牌。带有箱体的阀组安装时箱门启闭不得受任何阻碍；

检查数量：全数检查。

检查方法：观察检查和尺量检查。

b) 分区控制阀的安装高度宜为 1.2 m～1.6 m，操作面与墙或其他设备的距离不应小于 0.8 m，并应满足操作要求；

检查数量：全数检查。

检查方法：对照图纸尺量检查和操作阀门检查。

c) 闭式系统试水阀的安装位置应便于检查、试验。

检查数量：全数检查。

检查方法：尺量和观察检查，必要时可操作试水阀检查。

7.3.7 管道和管件的安装除应符合 GB 50235 和 GB 50236 的相关规定外，还应符合下列规定：

a) 管道安装前应分段进行清洗，清洗后及时封堵。施工过程中，应保证管道内部清洁，不得留有焊渣、焊瘤、氧化皮、杂质或其他异物。安装完成后的管道应及时封堵。

b) 同排管道法兰的间距应方便拆装，且不宜小于 100 mm。

c) 管道穿过墙体、楼板处应使用套管；穿过墙体的套管长度不应小于该墙体的厚度，穿过楼板的套管长度应高出楼地面 50 mm。管道与套管间的空隙应采用防火封堵材料填塞密实。管道应采取导除静电的措施。

d) 管道焊接的坡口形式、加工方法和尺寸等，均应符合 GB/T 985.1 的有关规定；管道之间或与管接头之间的焊接应采用对口焊接。

e) 管道的固定应符合 4.7.6 和 4.7.7 的规定。

f) 管道安装完毕后应进行冲洗和试压。

检查数量：全数检查。

检查方法：尺量和观察检查。

7.3.8 管道冲洗应符合下列规定：

a) 应使用满足系统要求水质的水进行冲洗；

b) 冲洗流速不应低于设计流速；

c) 冲洗前，应对系统的仪表采取保护措施，并应对管道支、吊架进行检查，必要时应采取加固措施；

d) 冲洗合格后，应按表 G.3 填写管道冲洗记录。

检查数量：全数检查。

检查方法：宜采用最大设计流量，沿灭火时管网内的水流方向分区、分段进行，用白布检查无杂质为合格。

7.3.9 管道冲洗合格后应进行压力试验，并应符合下列规定：

a) 试验用水的水质应与管道的冲洗水一致；

b) 试验压力应为系统工作压力的 1.5 倍；

c) 试验的测试点宜设在系统管网的最低点，对不能参与试压的设备、仪表、阀门及附件应加以隔离或在试验后安装；

d) 试验合格后，应按表 G.4 填写试验记录。

检查数量：全数检查。

检查方法：管道充满水、排净空气，用试压装置缓慢升压，当压力升至试验压力后，稳压 5 min，管道无损坏、变形，再将试验压力降至设计压力，稳压 120 min，以压力不降、无渗漏、目测管道无变形为合格。

7.3.10 系统管道在水压强度试验合格后，宜采用压缩空气或氮气吹扫，吹扫压力不应大于管道的设计压力，流速不宜小于 20 m/s。

检查数量：全数检查。

检查方法：在管道末端设置贴有白布或涂白漆的靶板，以 5 min 内靶板上无锈渣、灰尘、水渍及其他杂物为合格。

7.3.11 喷头的安装应符合下列规定：

a) 应在管道试压、吹扫合格后进行；

b) 安装时，应根据设计文件逐个核对其生产厂标志、型号、规格和喷孔方向，不得对喷头进行拆装、改动；

c) 应采用专用扳手安装；

d) 喷头安装高度、间距，与吊顶、门、窗、洞口或障碍物的距离应符合设计要求；

e) 不带装饰罩的喷头，其连接管管端螺纹不应露出吊顶；带装饰罩的喷头应紧贴吊顶；带有外置式过滤网的喷头，其过滤网不应伸入支干管内；

f) 喷头与管道的连接宜采用端面硬密封或 O 型圈密封，不应采用聚四氟乙烯、麻丝、黏结剂等作密封材料。

检查数量：全数检查。

检查方法：观察检查。

7.3.12 与系统联动的火灾自动报警系统和其他联动控制装置的安装，应符合 GB 50166 的规定。

7.4 调试

7.4.1 系统调试前,应具备下列条件:

a) 系统及与系统联动的火灾报警系统或其他装置、电源等均应处于准工作状态,现场安全条件符合调试要求;

b) 系统调试时所需的检查设备齐全,调试所需仪器、仪表应经校验合格并与系统连接和固定;

c) 应具备7.3.1所列技术资料和表F.1、表G.1～表G.4所列现场检查记录;

d) 应具备经监理单位批准的调试方案。

7.4.2 调试人员应根据批准的方案按程序进行系统调试。

7.4.3 系统调试应包括泵组、稳压泵、控制阀的调试和联动试验,还有瓶组式系统的模拟启动。

7.4.4 泵组调试应符合下列规定:

a) 以自动或手动方式启动泵组时,泵组应立即投入正常运行;

检查数量:全数检查。

检查方法:手动和自动启动泵组。

b) 以备用电源切换方式或备用泵切换启动泵组时,泵组应立即投入正常运行;

检查数量:全数检查。

检查方法:手动切换启动泵组。

c) 采用柴油泵作为备用泵时,柴油泵的启动时间不应大于5 s;

检查数量:全数检查。

检查方法:手动启动柴油泵。

d) 控制柜应进行空载和加载控制调试,控制柜应能按其设计功能正常动作和显示。

检查数量:全数检查。

检查方法:使用电压表、电流表和兆欧表等仪表通电观察检查。

7.4.5 稳压泵调试时,在模拟设计启动条件下,稳压泵应能立即启动;当达到系统设计压力时,应能自动停止运行。

检查数量:全数检查。

检查方法:模拟设计启动条件启动稳压泵检查。

7.4.6 控制阀调试应符合下列规定:

a) 对于闭式系统,区域控制阀后或控制阀上的动作信号反馈装置应能及时动作并发出动作反馈信号;

检查数量:全数检查。

检查方法:在试水阀处放水或手动关闭控制阀,观察检查。

b) 对于开式系统,分区控制阀应能在接到动作指令后立即启动。

检查数量:全数检查。

检查方法:采用自动和手动方式启动控制阀,水通过试验阀排出。观察检查。

7.4.7 联动试验应符合下列规定:

a) 对于闭式系统,从试水阀处放水时,相应的压力信号反馈装置和泵组等均可及时动作并发出相应的动作信号;

检查数量:全数检查。

检查方法:打开阀门放水,观察检查。

b) 对于开式系统,采用模拟火灾信号启动系统,相应的分区控制阀、动作信号反馈装置和泵组等应均能及时动作并发出相应的信号;

检查数量:全数检查。

检查方法:观察检查。

c) 在模拟火灾信号下,火灾报警装置应能自动发出报警信号;当系统动作时,相关的气源和通风控制装置应能发出自动切断指令并能关断。

检查数量:全数检查。

检查方法:模拟火灾信号,观察检查。

7.4.8 瓶组式系统应对所有防护区或防护对象进行系统手动/自动模拟启动试验,其结果应符合下列规定:

a) 延迟时间与设定时间相符;

b) 有关声、光报警信号正确;

c) 联动设备动作正确;

d) 驱动装置动作可靠。

检查数量:全数检查。

检查方法:

手动模拟启动试验:按下手动启动按钮,观察相关动作信号及联动设备动作是否正常;

自动模拟启动试验:

1) 将灭火控制器的启动输出端与灭火系统相应防护区驱动装置。启动装置应与阀门的动作机构脱离。也可用1个启动电压、电流与驱动装置相同的负载代替。

2) 人工模拟火警使防护区内任意1个火灾探测器动作,观察单一火警信号输出后,相关报警设备动作是否正常。

3) 人工模拟火警使该防护区内另一个火灾探测器动作,观察复合火警信号输出后,相关动作信号及联动设备动作是否正常。

7.4.9 系统调试合格后,应按表G.6填写调试记录,并应用压缩空气或氮气吹扫,将系统恢复至准工作状态。

7.5 验收

7.5.1 系统验收时,应提供下列资料,并应按附录H填写质量控制资料核查记录:

a) 经图审合格的设计施工蓝图、设计说明书、设计变更通知书,全套竣工图;

b) 主要系统组件和材料的有效质量证明文件和产品出厂合格证;

c) 系统及其主要组件的安装使用和维护说明书;

d) 施工单位的有效资质文件和施工现场质量管理检查记录;

e) 系统施工过程质量检查记录;

f) 系统试压记录、管网冲洗记录和隐蔽工程验收记录;

g) 系统调试报告、系统检测报告;

h) 系统验收申请报告。

7.5.2 泵组式系统供水水源的检查验收应符合下列规定:

a) 室外给水管网的进水管管径及供水能力、贮水箱的容量,均应符合设计要求;

b) 水源的水质应符合设计规定的标准;

c) 过滤器的设置应符合设计要求。

检查数量:全数检查。

检查方法:对照设计资料采用流速计、尺等测量和观察检查;水质取样检查。

7.5.3 泵组验收应符合下列规定:

a) 工作泵、备用泵、吸水管、出水管、出水管上的泄压阀、止回阀、信号阀等的规格、型号、数量应符合设计要求;吸水管、出水管上的检修阀应锁定在常开位置,并应有明显标记;

检查数量:全数检查。

检查方法:对照设计资料和产品说明书观察检查。

b) 泵组的引水方式应符合设计要求;

检查数量:全数检查。

检查方法:观察检查。

c) 试水阀的压力开关等信号装置的功能均应符合设计要求;

检查数量:全数检查。

检查方法:开启试水阀,观察检查。

d) 泵组在主电源下应能在规定时间内正常启动;

检查数量:全数检查。

检查方法:打开消防水泵出水管上的手动测试阀,利用主电源向泵组供电;关掉主电源检查主备电源的切换情况,用秒表等观察检查。

e) 当系统管网中的水压下降到设计最低压力时,稳压泵应能自动启动;

检查数量:全数检查。

检查方法:使用压力表,观察检查。

f) 泵组启动控制应处于自动启动位置;

检查数量:全数检查。

检查方法:降低系统管网中的压力,观察检查。

g) 控制柜的规格、型号、数量应符合设计要求;控制柜的图纸塑封后应牢固粘贴于柜门内侧;控制柜的动作应能完成本文件的要求。

检查数量:全数检查。

检查方法:观察检查。

7.5.4 贮气瓶组和贮水瓶组的验收应符合下列规定:

a) 瓶组的数量、型号、规格、安装位置、固定方式和标志应符合设计要求和7.3.3的规定;

检查数量:全数检查。

检查方法:观察和测量检查。

b) 贮水瓶组内水的充装量和贮气瓶组内氮气或压缩空气的贮存压力应符合设计要求;

检查数量:称重检查按贮水瓶组全数(不足5个按5个计)的20%检查;贮存压力检查按贮气瓶组全数检查。

检查方法:称重、用液位计或压力计测量。

c) 瓶组的机械应急操作处的标志应符合设计要求。应急操作装置应有铅封的安全销或防护罩。

检查数量:全数检查。

检查方法:观察检查、测量检查。

7.5.5 控制阀的验收应符合下列规定:

a) 控制阀的型号、规格、安装位置、固定方式和标志应符合设计要求和7.3.6的规定;

检查数量:全数检查。

检查方法:观察检查。

b) 试水阀的流量、压力应符合设计要求;

检查数量:全数检查。

检查方法:打开试水阀,使用流量计、压力表观察检查。

c) 分区控制阀组应能可靠动作;

检查数量:全数检查。

检查方法:手动和电动启动分区控制阀,观察检查。

d) 分区控制阀前后的阀门均应处于常开位置。

检查数量：全数检查。

检查方法：观察检查。

7.5.6 管网验收应符合下列规定：

a) 管道的材质、规格、管径、连接方式、安装位置及采取的防冻措施应符合设计要求和7.3.7的相关规定；

检查数量：全数检查。

检查方法：观察检查和核查相关证明材料。

b) 管网上的控制阀、动作信号反馈装置、止回阀、试水阀、排气阀等，其规格和安装位置均应符合设计要求；

检查数量：全数检查。

检查方法：观察检查。

c) 管道固定支、吊架的固定方式，支、吊架的间距及其与管道间的防电化学腐蚀措施应符合4.7的有关规定。

检查数量：按总数抽查20%，且不得少于5处。

检查方法：尺量和观察检查。

7.5.7 喷头验收应符合下列规定：

a) 喷头的数量、规格、型号以及闭式喷头的公称动作、温度等应符合设计要求；

检查数量：全数核查。

检查方法：观察检查。

b) 喷头的安装位置、安装高度、间距及与墙体、梁等障碍物的距离偏差均应符合设计要求和7.3.11的相关规定；

检查数量：全数核查。

检验方法：对照图纸尺量检查，距离偏差不应大于±15 mm。

c) 不同型号规格喷头的备用量不应小于其实际安装总数的1%，且每种备用喷头数不应少于5只。

检查数量：全数检查。

检查方法：计数检查。

7.5.8 每个系统应进行模拟灭火功能试验，并应符合下列规定：

a) 动作信号反馈装置应能正常动作，并应能在动作后启动泵组及与其联动的相关设备，可正确发出反馈信号；

检查数量：全数检查。

检查方法：利用模拟信号试验，观察检查。

b) 开式系统的分区控制阀应能正常开启，并可正确发出反馈信号；

检查数量：全数检查。

检查方法：利用模拟信号试验，观察检查。

c) 系统的流量、压力均应符合设计要求；

检查数量：全数检查。

检查方法：利用系统流量压力检测装置通过泄放试验，观察检查。

d) 泵组及其他消防联动控制设备应能正常启动，并应有反馈信号显示；

检查数量：全数检查。

检查方法：观察检查。

e) 主、备电源应能在规定时间内正常切换。

检查数量：全数检查。

检查方法：模拟主备电切换，采用秒表计时检查。

7.5.9 对于允许喷雾的防护区或被保护对象，系统应进行冷喷试验；对于不允许喷雾的防护区或保护对象，应进行模拟喷雾试验。除应符合7.5.8的规定外，其响应时间应符合设计要求。

检查数量：至少1个系统、1个防火区或1个防护对象。

检查方法：自动启动系统，采用秒表等观察检查。

7.5.10 系统工程质量验收判定条件：

a) 系统工程质量缺陷应按表7划分为严重缺陷项、一般缺陷项和轻度缺陷项；

表7 细水雾灭火系统验收缺陷项目划分

项目	对应本文件的条款要求
严重缺陷项	7.5.1、7.5.2、7.5.3的d)和f)、7.5.5的a)和c)、7.5.6的a)、7.5.7的a)、7.5.8、7.5.9、7.5.10
一般缺陷项	7.5.3的a)、b)、c)、e)、g)，7.5.4，7.5.5的b)，7.5.7的b)
轻度缺陷项	7.5.4的a)和c)、7.5.5的d)、7.5.6的b)和c)、7.5.7的c)

b) 当无严重缺陷项、一般缺陷项不多于2项、一般缺陷项与轻度缺陷项之和不多于6项，可判定系统验收为合格；否则，应判定为不合格。

8 系统维护管理

8.1 系统的维护管理应制定维护管理制度，并应根据维护制度和操作规程进行，使系统处于正常运行状态。

8.2 系统的维护管理应由经过培训的人员承担。维护管理人员应熟悉系统的工作原理和操作维护方法与要求。

8.3 系统的维护管理宜按附录J的表J.1的要求进行，并应按表J.2填写系统维护管理记录。

8.4 系统发生故障并需停用进行维修时，应经消防责任人批准并在采取相应的防范措施后进行。

8.5 系统维护检查中发现的问题应及时按规定要求处理。

8.6 系统应按本文件要求进行年检、季检、月检和日检。

8.7 系统每年应至少进行1次年检，并应符合下列规定：

a) 应定期测定1次系统水源的供水能力；

b) 应对系统组件、管道及管件进行1次全面检查，清洗贮水箱、过滤器，并对控制阀后的管道进行吹扫；

c) 贮水箱应每半年换水1次，贮水容器内的水应按产品制造商的要求定期更换，不少于每半年1次；

d) 应进行系统模拟灭火试验，并应符合7.5.8的规定。

8.8 系统每季度应进行1次季检，并应符合下列规定：

a) 应通过试验阀对泵组式系统进行1次放水试验，检查泵组启动、主备泵切换及报警联动功能是否正常；

b) 应检查瓶组式系统的控制阀动作是否正常；

c) 应检查管道和支、吊架是否松动，管道连接件是否变形、老化或有裂纹等现象。

8.9 系统每月应进行1次月检，并应符合下列规定：

a） 应检查系统组件的外观，应无碰撞变形及其他机械性损伤；

b） 应检查分区控制阀动作是否正常；

c） 应检查阀门上的铅封或锁链是否完好，阀门是否处于正确位置；

d） 应检查贮水箱和贮水容器的水位及贮气容器内的气体压力是否符合设计要求；

e） 对于闭式系统，应利用试水阀对动作信号反馈情况进行试验，观察其是否正常动作和显示；

f） 应检查喷头的外观及备用数量是否符合要求；

g） 应检查手动操作装置的防护罩、铅封等是否完整无损。

8.10 系统每日应进行1次日检，并应符合下列规定：

a） 应检查控制阀等各种阀门的外观及启闭状态是否符合设计要求；

b） 应检查系统的主备电源接通情况；

c） 寒冷和严寒地区应检查设置储水设备的房间温度，且不应低于5 ℃；

d） 应检查报警控制器、水泵控制柜（盘）的控制面板及显示信号状态；

e） 系统的标志和使用说明等标识是否正确、清晰、完整，处于正确位置。

附 录 A
（规范性）
高压细水雾灭火系统实体火灾模拟试验基本要求

A.1 本附录规定了确定系统设计参数的实体火灾模拟试验的方法与要求。

A.2 火灾试验模型应根据具体防护对象的实际火灾特性、空间几何特征及环境条件等确定。

A.3 进行实体火灾模拟试验的细水雾系统的构成、管网布置、设计参数等应与实际工程应用一致。

A.4 在确定火灾模型时应考虑下列能保证火灾模型与实际工程应用相似性的主要因素：

a） 试验燃料应能代表具体防护对象的实际火灾特性；

b） 试验空间应与实际保护空间的几何特征一致；

c） 试验空间的通风等环境条件应与实际工程的应用条件相同或类似；

d） 系统的应用方式应与设计拟采用的方式相同。

A.5 系统应根据可燃物的火灾发展特性确定火灾模拟试验的引燃方式和预燃时间。

A.6 对于开式系统，试验结果应同时符合下列条件：

a） 全室或分区应用时，灭火时间小于 15 min；局部应用时，灭火时间小于 5 min；

b） 灭火后无复燃现象；

c） 灭火后仍有剩余燃料。

A.7 对于闭式系统，当试验结果用于轻危险级或中危险级场所的设计时，应同时符合下列条件：

a） 启动的细水雾喷头数目不大于 5 只；

b） 燃烧物的体积或重量损失不大于 50％；

c） 引燃物正上方吊顶最高温度不大于 260 ℃；

d） 引燃物正上方吊顶下 76 mm 处的最高温度不大于 315 ℃。

A.8 用于档案库、资料库等场所的闭式系统，试验结果应满足持续喷雾 30 min 停止后不应出现有焰燃烧现象。

A.9 系统进行实体火灾试验时，对防护对象的损害不应超过允许的程度。

A.10 系统实体火灾模拟试验结果，可应用于火灾类别相同、火灾荷载相同或较小、几何特征相似但体积相同或较小、通风或风速等环境条件较有利的实际工程。

附 录 B
（规范性）
莫迪图

图B.1给出了常温范围下管道内部流动雷诺数、管道内壁相对粗糙度与摩擦阻力系数之间的关系。

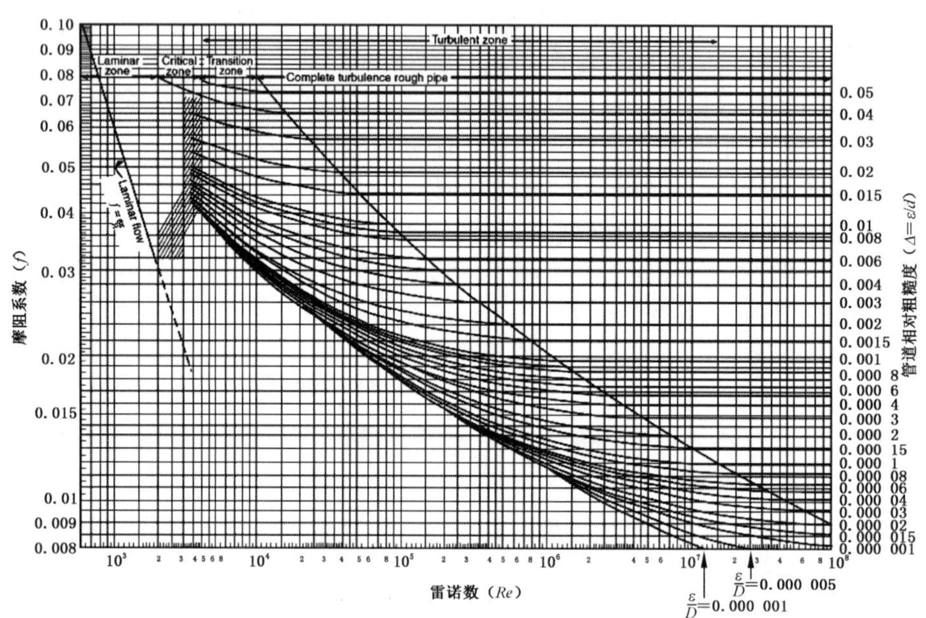

图 B.1 莫迪图

附 录 C
（规范性）
水的密度及其动力粘度系数

表C.1给出了常温范围下水的密度与动力粘度系数。

表C.1 水的密度及其动力粘度系数

温度/℃	水的密度/(kg/m^3)	水的动力粘度系数(*cp*)
4.4	999.9	1.50
10.0	999.7	1.30
15.6	998.7	1.10
21.1	998.0	0.95
26.7	996.6	0.85
32.2	995.4	0.74
37.8	993.6	0.66

附　录　D
（规范性）
阀门、管件相对于不锈钢无缝管的当量长度

表 D.1 给出了不锈钢材质阀门、管件相对于不锈钢无缝管的当量长度。

表 D.1　阀门、管件相对于不锈钢无缝管的当量长度

公称直径/mm	管件/m					阀门/m			
	标准弯管		T 型管		管接头	球阀	闸阀	蝶阀	止回阀
	90°弯管	45°弯管	旁通	直通					
15	0.33	—	0.99	—	—	—	—	—	—
20	0.36	0.12	0.72	—	—	—	—	—	0.72
25	0.48	0.20	0.84	—	—	—	—	—	0.86
32	0.55	0.19	1.01	0.09	0.09	0.09	—	—	1.01
40	0.99	0.37	1.72	0.12	0.12	0.12	—	—	1.60
50	1.15	0.41	1.86	0.10	0.10	0.10	0.10	1.56	1.86
65	1.84	0.66	3.18	0.13	0.13	—	0.13	2.65	3.05

附 录 E
（规范性）
高压细水雾灭火系统工程划分

表E.1给出了高压细水雾灭火系统工程划分标准。

表E.1 高压细水雾灭火系统工程划分

子分部工程	序号	分项工程	项目
高压细水雾灭火系统	1	进场检验	材料进场检验
			系统组件进场检验
	2	系统安装	泵组安装、贮水箱安装，贮水、贮气瓶组安装
			管道安装、喷头安装、控制阀组安装、与细水雾灭火系统联动的火灾报警系统等联动设施安装
			系统管道冲洗、水压试验、吹扫
	3	系统调试	泵组调试、控制阀组调试、联动试验，瓶组式系统的手动/自动模拟启动试验
	4	系统验收	灭火系统施工质量验收
			模拟灭火功能试验
			冷喷试验

附　录　F
（规范性）
高压细水雾灭火系统施工现场质量管理检查记录

表F.1给出了高压细水雾灭火系统施工现场质量管理检查记录的内容要求。

表F.1　高压细水雾灭火系统施工现场质量管理检查记录

<table>
<tr><td colspan="2">工程名称</td><td colspan="4"></td></tr>
<tr><td colspan="2">建设单位</td><td colspan="2"></td><td>监理单位</td><td></td></tr>
<tr><td colspan="2">设计单位</td><td colspan="2"></td><td>项目负责人</td><td></td></tr>
<tr><td colspan="2">施工单位</td><td colspan="2"></td><td>施工许可证</td><td></td></tr>
<tr><td>序号</td><td colspan="3">项目</td><td colspan="2">内容</td></tr>
<tr><td>1</td><td colspan="3">现场质量管理制度</td><td colspan="2"></td></tr>
<tr><td>2</td><td colspan="3">质量责任制</td><td colspan="2"></td></tr>
<tr><td>3</td><td colspan="3">主要专业工种人员操作上岗证书</td><td colspan="2"></td></tr>
<tr><td>4</td><td colspan="3">施工图审查情况</td><td colspan="2"></td></tr>
<tr><td>5</td><td colspan="3">施工组织设计、施工方案及审批</td><td colspan="2"></td></tr>
<tr><td>6</td><td colspan="3">施工技术标准</td><td colspan="2"></td></tr>
<tr><td>7</td><td colspan="3">工程质量检验制度</td><td colspan="2"></td></tr>
<tr><td>8</td><td colspan="3">现场材料、设备管理</td><td colspan="2"></td></tr>
<tr><td>9</td><td colspan="3">其他</td><td colspan="2"></td></tr>
<tr><td>签字</td><td colspan="2">施工单位项目负责人：
（签章）
年　月　日</td><td colspan="2">监理工程师：
（签章）
年　月　日</td><td>建设单位项目负责人：
（签章）
年　月　日</td></tr>
</table>

附　录　G
（规范性）
高压细水雾灭火系统施工过程质量检查记录

系统施工过程质量检查记录、管网冲洗记录、试压记录及联动试验记录等应由施工单位质量检查员按表 G.1～表 G.6 填写，由监理工程师进行检查，并做出检查结论。

表 G.1　高压细水雾灭火系统施工过程进场检验质量检查记录

工程名称			施工单位	
施工执行规范名称及编号			监理单位	
分项工程名称	进场检验			
项目	DA/T 45 标准章节条款	施工单位检查记录及评定	监理单位验收记录	
材料进场检验	7.2.2			
	7.2.3			
	7.2.4			
系统组件进场检验	7.2.5			
	7.2.6			
	7.2.7			
	7.2.8			
	7.2.9			
签字	施工单位项目负责人： （签章） 年　月　日	监理工程师： （签章） 年　月　日		

表 G.2　高压细水雾灭火系统施工过程系统安装质量检查记录

工程名称		施工单位	
施工执行规范名称及编号		监理单位	
分项工程名称	系统安装		
项目	DA/T 45 标准章节条款	施工单位检查记录及评定	监理单位验收记录
贮水、贮气瓶组的安装	7.3.3a)		
	7.3.3b)		
	7.3.3c)		
泵组及控制柜的安装	7.3.4a)		
	7.3.4b)		
	7.3.4c)		
	7.3.5a)		
	7.3.5b)		
	7.3.5c)		
	7.3.5d)		
阀组的安装	7.3.6a)		
	7.3.6b)		
	7.3.6c)		
管道的安装	7.3.7a)		
	7.3.7b)		
	7.3.7c)		
	7.3.7d)		
	7.3.7e)		
	7.3.7f)		
签字	施工单位项目负责人： （签章） 年　月　日	监理工程师： （签章） 年　月　日	

表 G.3　高压细水雾灭火系统管网冲洗记录

<table>
<tr><td>工程名称</td><td colspan="4"></td><td colspan="2">建设单位</td><td></td></tr>
<tr><td>施工单位</td><td colspan="4"></td><td colspan="2">监理单位</td><td></td></tr>
<tr><td rowspan="2">管段号</td><td rowspan="2">材质</td><td colspan="5">冲洗</td><td>结论意见</td></tr>
<tr><td>介质</td><td>压力/
(MPa)</td><td>流速/
(m/s)</td><td>流量/
(L/s)</td><td>冲洗/
次数</td><td></td></tr>
<tr><td></td><td></td><td></td><td></td><td></td><td></td><td></td><td></td></tr>
<tr><td></td><td></td><td></td><td></td><td></td><td></td><td></td><td></td></tr>
<tr><td></td><td></td><td></td><td></td><td></td><td></td><td></td><td></td></tr>
<tr><td></td><td></td><td></td><td></td><td></td><td></td><td></td><td></td></tr>
<tr><td></td><td></td><td></td><td></td><td></td><td></td><td></td><td></td></tr>
<tr><td></td><td></td><td></td><td></td><td></td><td></td><td></td><td></td></tr>
<tr><td></td><td></td><td></td><td></td><td></td><td></td><td></td><td></td></tr>
<tr><td></td><td></td><td></td><td></td><td></td><td></td><td></td><td></td></tr>
<tr><td></td><td></td><td></td><td></td><td></td><td></td><td></td><td></td></tr>
<tr><td></td><td></td><td></td><td></td><td></td><td></td><td></td><td></td></tr>
<tr><td></td><td></td><td></td><td></td><td></td><td></td><td></td><td></td></tr>
<tr><td></td><td></td><td></td><td></td><td></td><td></td><td></td><td></td></tr>
<tr><td></td><td></td><td></td><td></td><td></td><td></td><td></td><td></td></tr>
<tr><td>签字</td><td colspan="3">施工单位项目负责人：
(签章)
年　月　日</td><td colspan="3">监理工程师：
(签章)
年　月　日</td><td>建设单位项目负责人：
(签章)
年　月　日</td></tr>
</table>

表 G.4　高压细水雾灭火系统试压记录

工程名称						建设单位		
施工单位						监理单位		
管段号	材质	设计工作压力/MPa	温度/℃	水压强度试验				
				介质	压力/MPa	时间/min	结论意见	
签字	施工单位项目负责人： （签章） 年　月　日			监理工程师： （签章） 年　月　日		建设单位项目负责人： （签章） 年　月　日		

表 G.5 高压细水雾灭火系统隐藏工程验收记录

工程名称										
建设单位					设计单位					
监理单位					施工单位					
管段号	设计参数				水压强度试验				防腐	
	管径	材料	介质	压力/(MPa)	介质	压力/(MPa)	时间/(min)	结果	等级	结果
隐蔽前的检查										
隐蔽方法										
简图或说明										
签字	施工单位项目负责人： （签章） 年 月 日				监理工程师： （签章） 年 月 日				建设单位项目负责人： （签章） 年 月 日	

表 G.6　高压细水雾灭火系统施工过程质量检查记录

<table>
<tr><td colspan="2">工程名称</td><td colspan="2"></td><td>施工单位</td><td></td></tr>
<tr><td colspan="2">施工执行规范名称及编号</td><td colspan="2"></td><td>监理单位</td><td></td></tr>
<tr><td colspan="2">分项工程名称</td><td colspan="4">系统调试</td></tr>
<tr><td colspan="2">项目</td><td>DA/T 45 标准
章节条款</td><td colspan="2">施工单位检查记录及评定</td><td>监理单位验收记录</td></tr>
<tr><td colspan="2" rowspan="5">泵组调试</td><td>7.4.4a)</td><td colspan="2"></td><td></td></tr>
<tr><td>7.4.4b)</td><td colspan="2"></td><td></td></tr>
<tr><td>7.4.4c)</td><td colspan="2"></td><td></td></tr>
<tr><td>7.4.4d)</td><td colspan="2"></td><td></td></tr>
<tr><td>7.4.5</td><td colspan="2"></td><td></td></tr>
<tr><td colspan="2" rowspan="2">控制阀调试</td><td>7.4.6a)</td><td colspan="2"></td><td></td></tr>
<tr><td>7.4.6b)</td><td colspan="2"></td><td></td></tr>
<tr><td colspan="2" rowspan="3">联动试验</td><td>7.4.7a)</td><td colspan="2"></td><td></td></tr>
<tr><td>7.4.7b)</td><td colspan="2"></td><td></td></tr>
<tr><td>7.4.7c)</td><td colspan="2"></td><td></td></tr>
<tr><td colspan="2" rowspan="4">模拟启动试验</td><td>7.4.8a)</td><td colspan="2"></td><td></td></tr>
<tr><td>7.4.8b)</td><td colspan="2"></td><td></td></tr>
<tr><td>7.4.8c)</td><td colspan="2"></td><td></td></tr>
<tr><td>7.4.8d)</td><td colspan="2"></td><td></td></tr>
<tr><td>签字</td><td colspan="2">施工单位项目负责人：
（签章）
年　月　日</td><td colspan="3">监理工程师：
（签章）
年　月　日</td></tr>
</table>

附 录 H
（规范性）
高压细水雾灭火系统工程质量控制资料核查记录

表 H.1 给出了高压细水雾灭火系统工程质量控制资料核查记录的内容要求。

表 H.1 高压细水雾灭火系统工程质量控制资料核查记录

工程名称		施工单位		
子分部工程名称	资料名称	数量	核查意见	核查人
高压细水雾灭火系统	经批准的设计施工图、设计说明书、设计变更通知书、系统竣工图			
	主要系统组件和材料的有效质量证明文件和产品出厂合格证			
	施工许可证（开工证）和施工现场质量管理检查记录			
	系统施工过程质量检查记录			
	系统试压记录、管网冲洗记录和隐蔽工程验收记录			
	系统调试报告、系统检测报告			
	系统验收申请报告			
签字	施工单位项目负责人： （签章） 年 月 日	监理工程师： （签章） 年 月 日	建设单位项目负责人： （签章） 年 月 日	

附　录　I
（规范性）
高压细水雾灭火系统工程验收记录

表I.1给出了高压细水雾灭火系统工程验收记录的内容要求。

表I.1　高压细水雾灭火系统工程验收记录

<table>
<tr><td colspan="2">工程名称</td><td></td><td>子分部工程名称</td><td colspan="2"></td></tr>
<tr><td colspan="2">施工单位</td><td></td><td>项目负责人</td><td colspan="2"></td></tr>
<tr><td colspan="2">监理单位</td><td></td><td>监理工程师</td><td colspan="2"></td></tr>
<tr><td>序号</td><td>DA/T 45标准章节条款</td><td colspan="3">检查内容记录</td><td>检查评定结果</td></tr>
<tr><td>1</td><td>7.5.2</td><td colspan="3"></td><td></td></tr>
<tr><td>2</td><td>7.5.3</td><td colspan="3"></td><td></td></tr>
<tr><td>3</td><td>7.5.4</td><td colspan="3"></td><td></td></tr>
<tr><td>4</td><td>7.5.5</td><td colspan="3"></td><td></td></tr>
<tr><td>5</td><td>7.5.6</td><td colspan="3"></td><td></td></tr>
<tr><td>6</td><td>7.5.7</td><td colspan="3"></td><td></td></tr>
<tr><td>7</td><td>7.5.8</td><td colspan="3"></td><td></td></tr>
<tr><td>8</td><td>7.5.9</td><td colspan="3"></td><td></td></tr>
<tr><td colspan="2">综合验收结论</td><td colspan="4"></td></tr>
<tr><td rowspan="4">验收单位</td><td colspan="2">施工单位:(单位印章)</td><td colspan="3">项目负责人:(签章)
年　月　日</td></tr>
<tr><td colspan="2">监理单位:(单位印章)</td><td colspan="3">总监理工程师:(签章)
年　月　日</td></tr>
<tr><td colspan="2">设计单位:(单位印章)</td><td colspan="3">项目负责人:(签章)
年　月　日</td></tr>
<tr><td colspan="2">建设单位:(单位印章)</td><td colspan="3">项目负责人:(签章)
年　月　日</td></tr>
</table>

附　录　J
（规范性）
高压细水雾灭火系统维护管理工作检查项目

J.1　高压细水雾系统的维护管理工作宜按表 J.1 的要求进行。

表 J.1　高压细水雾灭火系统维护管理项目

部位	工作内容	周期
控制阀	目测巡检完好状况及开闭状态	每日 1 次
主备电源	接通状态，电压	
报警控制装置	巡检完好、控制面板显示信号状态	
系统各标识	检查标识清晰、完整情况及位置	
设置储水设备的房间	检查室温	冬季每日 1 次
系统组件	检查外观完好情况	每月 1 次
分区控制阀	动作试验	
系统所有控制阀门	检查阀门位置，铅封、锁链完好状况	
贮水箱、贮水容器、贮气容器	检测贮水水位及贮气压力	
试水阀	放水试验，检查动作信号反馈情况	
喷头	检查完好状况、清除异物、备用量	
手动操作装置	防护罩、铅封等	
试验阀	放水试验、检查启动性能、报警联动情况	每季度 1 次
瓶组式系统控制阀	检查动作情况	
管道，支、吊架和连接件	外观和牢固程度	
贮水箱、贮水容器等储水设备	进行储存水的定期更换	每半年 1 次
水源	开启消防泵手动测试阀，测试供水能力	每年度 1 次
贮水箱、过滤器、管道等系统组件	检查完好状态、清洗、排渣	
控制阀后管道	吹扫	
系统模拟灭火试验	系统运行功能	

J.2 高压细水雾系统在定期检查和试验后宜按表 J.2 的要求填写记录。

表 J.2 高压细水雾灭火系统维护管理检查记录

<table>
<tr><td colspan="2">使用单位</td><td colspan="5"></td></tr>
<tr><td colspan="2">防护区/防护对象</td><td colspan="5"></td></tr>
<tr><td colspan="2">检查类别(月检/季检/年检)</td><td colspan="5"></td></tr>
<tr><td>检查日期</td><td>检查项目</td><td>检查、试验内容</td><td>结果</td><td>存在问题及
处理情况</td><td>检查人
(签字)</td><td>负责人
(签字)</td></tr>
<tr><td></td><td></td><td></td><td></td><td></td><td></td><td></td></tr>
<tr><td></td><td></td><td></td><td></td><td></td><td></td><td></td></tr>
<tr><td></td><td></td><td></td><td></td><td></td><td></td><td></td></tr>
<tr><td></td><td></td><td></td><td></td><td></td><td></td><td></td></tr>
<tr><td></td><td></td><td></td><td></td><td></td><td></td><td></td></tr>
<tr><td></td><td></td><td></td><td></td><td></td><td></td><td></td></tr>
<tr><td></td><td></td><td></td><td></td><td></td><td></td><td></td></tr>
<tr><td></td><td></td><td></td><td></td><td></td><td></td><td></td></tr>
<tr><td></td><td></td><td></td><td></td><td></td><td></td><td></td></tr>
<tr><td></td><td></td><td></td><td></td><td></td><td></td><td></td></tr>
<tr><td></td><td></td><td></td><td></td><td></td><td></td><td></td></tr>
<tr><td>备注</td><td colspan="6"></td></tr>
<tr><td colspan="7">注 1:检查项目栏内应根据系统选择的具体设备进行填写。
注 2:结果栏内填写合格、部分合格、不合格。</td></tr>
</table>

参 考 文 献

[1] GB/T 26785 细水雾灭火系统及部件通用技术条件
[2] GB 50016 建筑设计防火规范
[3] GB 50052 供配电系统设计规范
[4] GB 50300 建筑工程施工质量验收统一标准
[5] GA 1149 细水雾灭火装置
[6] 建标 103—2008 档案馆建设标准
[7] NFPA 750 Standard on water mist fire protection systems

ICS 01.140.20
A 14
备案号:66060—2019

中华人民共和国档案行业标准

DA/T 76—2019

绿色档案馆建筑评价标准

Evaluation standard for green archives building

2019-03-04 发布　　　　2019-09-01 实施

国家档案局　发布

前 言

本标准按照GB/T 1.1—2009给出的规则起草。

本标准由国家档案局提出并归口。

本标准起草单位:国家档案局档案科学技术研究所、中国建筑科学研究院、青岛市档案馆。

本标准主要起草人:姜莉、于震、秦清波、米士刚、吴剑林、高彩凤、沈显明。

引　　言

为贯彻执行国家节约资源和保护环境的基本国策，推进行业的可持续发展，规范全国绿色档案馆建筑的评价，制定本标准。本标准是为完善我国绿色建筑评价标准体系，总结近年来我国《绿色建筑评价标准》在评价档案馆建筑实践过程中遇到的问题和我国绿色档案馆建筑方面的研究成果，借鉴国际先进经验制定的国内第一部针对档案馆建筑的绿色建筑专用评价标准，引导档案馆建筑以及功能相近的建筑的绿色设计、施工与运行，规范绿色档案馆建筑的评价工作。

绿色档案馆建筑评价标准

1 范围

本标准规定了绿色档案馆建筑的评价方法、评价原则以及评价内容。

本标准适用于评价档案馆(含各类档案馆及备份中心)新建、改扩建过程中的建筑和基础设施。

2 规范性引用文件

下列文件对于本文件的应用是必不可少的。凡是注日期的引用文件,仅注日期的版本适用于本文件。凡是不注日期的引用文件,其最新版本(包括所有的修改单)适用于本文件。

GB 3096 声环境质量标准

GB 6566 建筑材料放射性核素限量

GB 8978 污水综合排放标准

GB 12523 建筑施工场界环境噪声排放标准

GB 16297 大气污染物综合排放标准

GB 18580 室内装饰装修材料 人造板及其制品中甲醛释放限量

GB 18581 室内装饰装修材料 溶剂型木器涂料中有害物质限量

GB 18582 室内装饰装修材料 内墙涂料中有害物质限量

GB 18583 室内装饰装修材料 胶粘剂中有害物质限量

GB 18584 室内装饰装修材料 木家具中有害物质限量

GB 18585 室内装饰装修材料 壁纸中有害物质限量

GB 18586 室内装饰装修材料 聚氯乙烯卷材料地板中有害物质限量

GB 18587 室内装饰装修材料 地毯、地毯衬垫及地毯用胶粘剂中有害物质释放限量

GB 18588 混凝土外加剂中释放氨的限量

GB/T 18883 室内空气质量标准

GB 19210 空调通风系统清洗规范

GB/T 27703 信息与文献图书馆和档案馆的文献保存要求

GB 50011—2010 建筑抗震设计规范

GB 50033 建筑采光设计标准

GB 50034 建筑照明设计标准

GB 50118 民用建筑隔声设计规范

GB 50189 公共建筑节能设计标准

GB 50314 智能建筑设计标准

GB 50325 民用建筑工程室内环境污染控制规范

GB/T 50378—2014 绿色建筑评价标准

GB 50555 民用建筑节水设计标准

GB 50736 民用建筑供暖通风与空气调节设计规范

JGJ 25—2010 档案馆建筑设计规范

JGJ 50 城市道路和建筑物无障碍设计规范

JGJ/T 163 城市夜景照明设计规范

3 术语和定义

下列术语和定义适用于本文件。

3.1

绿色档案馆建筑 green archives building

在全寿命周期内,最大限度地节约资源(节能、节地、节水、节材)、保护环境和减少污染,为档案资料提供适宜、安全和便捷的存储空间,同时为档案馆建筑使用者提供健康、适用和高效的使用空间,并与自然和谐共生的档案馆建筑。

3.2

绿色档案馆建筑环境 green archives building environment

以保障档案安全和服务档案工作人员及档案利用人员需求为目标,由绿色档案馆建筑室内外空间共同营造的声、光、电磁、热、空气质量、水体、土壤等自然环境和人工环境。

3.3

可再生能源 renewable energy

风能、太阳能、水能、生物质能、地热能和海洋能等非化石能源的统称。

[GB/T 50378—2014,定义 2.0.4]

3.4

再生水 reclaimed water

污水经处理后,达到规定水质标准、满足一定使用要求的非饮用水。

[GB/T 50378—2014,定义 2.0.5]

3.5

非传统水源 nontraditional water source

不同于传统地表水供水和地下水供水的水源,包括再生水、雨水和海水等。

[GB/T 50378—2014,定义 2.0.6]

3.6

可再利用材料 reusable material

不改变物质形态可直接再利用的,或经过组合、修复后可直接再利用的回收材料。

[GB/T 50378—2014, 定义 2.0.7]

3.7

可再循环材料 recyclable material

通过改变物质形态可实现循环利用的回收材料。

[GB/T 50378—2014,定义 2.0.8]

3.8

热岛效应 heat island effect

城市内一个区域的气温与郊区气温的差别,用二者代表性测点气温的差值表示,是城市热岛效应的表征参数。

3.9

年径流总量控制率 volume capture ratio of annual rainfall

通过自然和人工强化的入渗、滞蓄、调蓄和收集回用,场地内累计一年得到控制的雨水量占全年总降雨量的比例。

[GB/T 50378—2014,定义 2.0.3]

3.10

垂直绿化　vertical greening

垂直绿化是在立体空间进行绿化的一种方式，是利用植物材料沿建筑物或构筑物立面攀附、固定、贴植、垂吊形成垂直面的绿化。

3.11

复层绿化　multilayer greening

采用乔、灌、草进行植物配置的绿化方式。

3.12

照明功率密度值　lighting power density value

建筑的房间或场所，单位面积的照明安装功率。

3.13

档案馆　archives

集中管理特定范围档案的专门机构。

[DA/T 1—2000，定义 2.24]

3.14

档案库　archival repository

收藏档案的专门用房。

[JGJ 25—2010，定义 2.0.5]

4　总则

4.1　评价原则

绿色档案馆的建筑评价应遵循因地制宜的原则，综合考虑合理规划建筑所在地区的自然环境、经济文化等特点进行评价。

4.2　评价内容

评价绿色档案馆建筑时，应根据档案馆建筑的功能特点，统筹规划建筑全寿命周期内的节能、节地、节水、节材、室内环境质量以及运营管理之间的关系，最大限度节约资源，提供绿色安全的使用空间，体现经济效益和环境效益的统一。

4.3　评价方法

评价绿色档案建筑时，应鼓励采用被动技术、适宜技术和绿色安全性技术。

5　基本规定

5.1　一般规定

5.1.1　本标准着重评价与绿色档案馆建筑性能有关的内容，实施本标准时，应符合经国家批准或备案的有关标准。

5.1.2　绿色档案馆建筑的评价范围应包含档案馆建筑应有的主要功能用房，如档案库、对外服务用房、档案业务和技术用房、办公用房和附属用房等，如所有功能用房未能集中于单栋建筑，则绿色档案馆评价对象应包含所有的主要功能建筑。评价单栋建筑时，凡涉及系统性、整体性的指标，应基于所属档案馆工程项目的总体进行评价。

5.1.3 申请评价方应进行建筑全寿命周期技术和经济分析，合理确定建筑规模，选用适当的建筑技术、设备和材料，对规划、设计、施工、运营阶段进行全过程控制，并提交相应分析、测试报告和相关文件。

5.1.4 绿色档案馆建筑应选用质量合格并满足使用要求的材料和产品，严禁使用国家或地方管理部门禁止、淘汰和限制的材料和产品。

5.1.5 绿色档案馆建筑的评价分为设计评价和运行评价。设计评价应在建筑工程施工图设计文件审查通过后进行，运行评价应在建筑通过竣工验收并投入使用一年后进行。

5.1.6 评价机构应按本标准的有关要求，对申请评价方提交的报告、文件进行审查，出具评价报告，确定等级。对申请运行评价的建筑，应进行现场考察。

5.2 评价与等级划分

5.2.1 绿色档案馆建筑评价指标体系由节地与室外环境、节能与能源利用、节水与水资源利用、节材与材料资源利用、室内环境质量、施工管理、运营管理7类指标组成。施工管理和运营管理两类指标不参与设计评价。每类指标均包括控制项和评分项。每类指标的评分项总分为100分。为鼓励绿色建筑技术、管理的提升和创新，评价指标体系还统一设置加分项。

5.2.2 控制项的评定结果为满足或不满足；评分项的评定结果为某得分值或不得分；加分项的评定结果为某得分值或不得分。

5.2.3 绿色档案馆建筑评价按总得分确定等级。设计评价的总得分为节地与室外环境、节能与能源利用、节水与水资源利用、节材与材料资源利用、室内环境质量5类指标的评分项得分经加权计算后与加分项的附加得分之和；运行评价的总得分为节地与室外环境、节能与能源利用、节水与水资源利用、节材与材料资源利用、室内环境质量、施工管理、运营管理7类指标的评分项得分经加权计算后与加分项的得分之和。

5.2.4 评价指标体系7类指标各自的评分项得分 Q_1、Q_2、Q_3、Q_4、Q_5、Q_6、Q_7，按参评建筑的评分项实际得分值乘以折算系数，折算系数为100分除以理论上可获得的总分值。某类指标理论上可获得的总分值等于所有参评的评分项的最大分值之和。

5.2.5 加分项的附加得分 Q_8 按第13章的有关规定确定。

5.2.6 绿色档案馆建筑评价的总得分按式(1)计算，其中评价指标体系7类指标评分项的权重 w_1～w_7 按表1取值。

$$\sum Q = w_1Q_1 + w_2Q_2 + w_3Q_3 + w_4Q_4 + w_5Q_5 + w_6Q_6 + w_7Q_7 + Q_8 \quad \cdots\cdots\cdots\cdots(1)$$

表1 绿色档案馆建筑分项指标权重

评价阶段	评价指标						
	节地与室外环境 w_1	节能与能源利用 w_2	节水与水资源利用 w_3	节材与材料资源利用 w_4	室内环境质量 w_5	施工管理 w_6	运营管理 w_7
设计评价	0.11	0.32	0.14	0.19	0.24	—	—
运行评价	0.11	0.26	0.13	0.16	0.19	0.07	0.08
注："—"表示施工管理和运营管理两类指标不参与设计评价。							

5.2.7 绿色档案馆建筑分为一星级、二星级、三星级3个等级。3个等级的绿色档案馆建筑都应满足本标准所有控制项的要求，且每类指标的评分项得分不应小于40分。当绿色档案馆建筑总得分分别达到50分、60分、80分时，绿色档案馆建筑分别为一星级、二星级、三星级。

5.2.8 标准中评价条文的评价，计分方式分别采用累加计分、递进计分及分别计分三种。当一条条文评判多个技术指标，将多个技术指标的评判以子项的形式表达，并按各子项一一赋以分值，且评价条文总得分为各子项得分之和，采用累加计分方式计算得分，在标准评分规则中表述为“按下列规则分别评分并累计”；当评价条文评判一类性能或技术指标，需要根据达标情况不同赋以不同分值时，且从低分到高分排列，采用递进计分方式计算得分，在标准评分规则中表述为“评分规则如下”；当一条条文评判一类性能或指标，但需要针对性能或指标的不同方面分别评判时，针对各方面按子项分别赋以分值时，采用分别计分的方式，且评价项的总得分等于某子项得分，在标准评分规则中表述为“评分规则按以下情况分别计分”。

6 节地与室外环境

6.1 控制项

6.1.1 项目选址符合所在地城乡规划，且符合各类保护区、文物古迹保护的控制要求。

6.1.2 场地应无洪灾、地震、滑坡、泥石流等自然灾害的威胁，无危险化学品、易燃易爆危险源的威胁，无电磁辐射、含氡土壤等危害。

6.1.3 场地内无排放超标的污染源。

6.1.4 建筑规划布局满足日照标准，且不降低周边建筑的日照标准。

6.1.5 档案馆的总平面布置应符合 JGJ 25—2010 的要求。

6.2 评分项

6.2.1 土地利用(34 分)

6.2.1.1 节约集约利用土地。建筑的容积率评分规则如下：

a) 不低于 0.5 但低于 0.8，得 5 分；
b) 不低于 0.8 但低于 1.5，得 10 分；
c) 不低于 1.5 但低于 3.5，得 15 分；
d) 不低于 3.5，得 19 分。

评价总分值：19 分。

6.2.1.2 场地内合理设置绿化用地。绿地率评分规则如下：

a) 不低于 30%但低于 35%，得 2 分；
b) 不低于 35%但低于 40%，得 5 分；
c) 不低于 40%，得 7 分。

评价总分值：7 分。

6.2.1.3 合理开发利用地下空间。评分规则如下：

a) 建筑的地下建筑面积与总用地面积之比不小于 0.5，得 3 分；
b) 建筑的地下建筑面积与总用地面积之比不小于 0.7，同时地下一层建筑面积与总用地面积的比率小于 70%，得 6 分。

评价总分值：6 分。

6.2.1.4 对于改扩建项目，其评分规则如下：

a) 在规划时，应保证拟拆除的建筑物主体结构已达到建筑耐久年限，得 1 分；
b) 合理利用保持了原使用性质、尚可使用的旧建筑，并纳入了新的档案馆规划，得 2 分。

评价总分值：2 分。

6.2.2 室外环境(16 分)

6.2.2.1 档案馆建筑不对周边建筑产生日照遮挡，满足国家级及地方行政主管部门的日照设计标准。

评价分值:1 分。

6.2.2.2　建筑及照明设计避免产生光污染。按下列规则分别评分并累计:

a)　玻璃幕墙可见光反射比不大于 0.2,得 1 分;

b)　室外照明光污染的限制符合 JGJ/T 163 的规定,得 1 分。

评价总分值:2 分。

6.2.2.3　借阅区以及办公区等用房不宜紧邻城市主干道,如条件许可,应增加隔声措施。

评价分值:1 分。

6.2.2.4　对馆区内真空泵站、锅炉、燃气轮机、柴油发电机、制冷机、水泵等各种动力源控制噪声,使场内环境噪声符合 GB 3096 的规定。

评价分值:1 分。

6.2.2.5　场地内风环境有利于冬季室外行走舒适及过渡季、夏季的自然通风。按下列规则分别评分并累计:

a)　在寒冷和严寒的多风地区,档案馆主要出入口考虑设置遮风设施;在夏热冬暖和夏热冬冷地区,档案馆主要出入口设置遮阳设施,得 1 分。

b)　冬季典型风速和风向条件下,建筑物周围人行通道风速低于 5 m/s,且室外风速放大系数小于 2,得 2 分。

c)　冬季典型风速和风向条件下,除迎风第一排建筑外,建筑迎风面与背风面表面风压差不超过 5 Pa,得 1 分。

d)　过渡季、夏季典型风速和风向条件下,场地内人活动区不出现涡旋或无风区,得 2 分。

e)　过渡季、夏季典型风速和风向条件下,50%以上可开启外窗室内外表面的风压差大于 0.5 Pa,得 1 分。

评价总分值:7 分。

6.2.2.6　缓解城市热岛效应。按下列规则分别评分并累计:

a)　红线范围内户外活动场地有遮阴措施的面积达到 10%,得 1 分;达到 20 %,得 2 分。

b)　超过 70%的道路路面、建筑屋面的太阳辐射反射系数不小于 0.4;得 2 分。

评价总分值:4 分。

6.2.3　交通设施与公共服务(14 分)

6.2.3.1　档案馆场地与公共交通设施具有便捷的联系。按下列规则分别评分并累计:

a)　档案馆场地主要出入口有便捷的人行通道联系公共交通站点,得 2 分;

b)　档案馆建筑满足主要出入口与公交站点步行距离小于 500 m,或到达轨道交通站的步行距离不超过 800 m,得 2 分;

c)　场地出入口 800 m 范围内设有 2 条或 2 条以上线路的公共交通站点(含公共汽车站和轨道交通站),得 2 分。

评价总分值:6 分。

6.2.3.2　档案馆建筑的无障碍设计应满足 JGJ 50 的相关要求。

评价分值:2 分。

6.2.3.3　合理设置停车场所。按下列规则分别评分并累计:

a)　自行车停车设施位置合理、方便出入,且有遮阳防雨措施,得 2 分;

b)　采用机械式停车库、地下停车库或停车楼等方式节约集约用地,得 2 分。

评价总分值:4 分。

6.2.3.4　鼓励绿色交通工具出行,设置城市自行车或电动车自助停放区域,方便工作人员与查档人员的出入。按下列规则分别评分并累计:

a) 城市自行车或电动车自助停放区域与档案馆步行距离小于 800 m,得 1 分;

b) 在自助停放区域内,自行车或电动车可使用数量不少于 10 辆,得 1 分。

评价总分值:2 分。

6.2.4 场地设计与场地生态(24 分)

6.2.4.1 结合现状地形地貌进行场地设计与建筑布局,保护场地内原有的自然水域、湿地和植被,采取表层土利用等生态补偿措施。

评价分值:3 分。

6.2.4.2 合理规划地表与屋面的雨水径流,对场地雨水外排总量进行控制,场地年径流总量控制率不应小于 55%,得 3 分;达到 70%,得 6 分。

评价总分值:6 分。

6.2.4.3 充分利用场地空间合理设置雨水基础设施,超过 10 hm^2 的场地进行雨水专项规划设计。按下列规则分别评分并累计:

a) 下凹式绿地、雨水花园或有调蓄雨水功能的水体等面积之和占绿地面积的比例不小于 30%,得 3 分;

b) 合理衔接和引导屋面雨水、道路雨水进入地面生态设施,并设置相应的径流污染控制措施,得 3 分;

c) 室外活动用地、道路铺装材料的选择在满足用地功能要求的基础上,选择透水性铺装材料以及透水铺装构造,透水铺装率不小于 50%,得 3 分。

评价总分值:9 分。

6.2.4.4 合理选择绿化方式,科学配置绿化植物。按下列规则分别评分并累计:

a) 种植适宜当地气候和土壤条件的植物,并采用乔、灌、草结合的复层绿化,且种植区域覆土深度和排水能力满足植物生长需求,同时还应选择对档案保管环境无害的植物种类,得 2 分;

b) 采用复层绿化、垂直绿化、屋顶绿化方式,得 2 分;

c) 停车场、人行道和广场宜采取乔木遮阳措施。步行道与自行车道林荫率不小于 60%,得 2 分。

评价总分值:6 分。

6.2.5 场地安全(12 分)

6.2.5.1 合理选择档案馆的建设场地。按下列规则分别评分并累计:

a) 档案馆馆址周边 1 500 m 内没有严重空气污染企业,得 2 分;

b) 馆址周边 50 m 内没有甲、乙、丙类液体储蓄罐区,液化石油气储蓄区,可燃、助燃气体储蓄区,可燃材料堆场、输气(油)管道,得 2 分。

评价总分值:4 分。

6.2.5.2 档案馆各功能分区布局合理,无互相交叉,馆内三流即人员流、物流/档案流、信息流设计合理有序,相互隔离且内外流无交叉。按下列规则分别评分并累计:

a) 档案库房应集中布置、自成一区,得 1 分;

b) 锅炉房、变配电室、车库、食堂操作间等用房未与档案库毗邻,得 1 分;

c) 除更衣室外,档案库区内无其他用房,且其他用房之间交通未穿越档案库区,得 1 分;

d) 各类用房之间传送档案不通过露天通道,得 1 分。

评价总分值:4 分。

6.2.5.3 合理设计档案馆室内外、档案库内外高差。按下列规则分别评分并累计:

a) 档案馆室内外地面高差不小于 0.5 m,得 2 分;

b) 档案库区内比库区外楼地面高出 15 mm,得 2 分。

评价总分值:4 分。

7 节能与能源利用

7.1 控制项

7.1.1 档案馆建筑设计符合 GB 50189 及其他现行节能设计标准中的强制性条文规定。

7.1.2 档案馆建筑的冷热源、输配系统、照明、办公设备等各部分能耗应进行独立分项计量。

7.1.3 档案馆各功能用房或场所的照明功率密度值不高于 GB 50034 规定的现行值。

7.2 评分项

7.2.1 建筑与围护结构(22 分)

7.2.1.1 结合场地自然条件和建筑内不同区域的功能要求,对建筑的体形、朝向、楼距、窗墙比等进行优化设计。

评价分值:6 分。

7.2.1.2 围护结构热工性能指标优于国家有关建筑节能设计标准的规定。其评价总分值为 a)或 b)项单项的得分值,评分规则按以下情况分别计分:

a) 围护结构热工性能比国家现行相关建筑节能设计标准规定的提高幅度达到 5%,得 5 分;达到 10%,得 10 分。

b) 供暖空调全年计算负荷降低幅度达到 5%,得 5 分;达到 10%,得 10 分。

评价总分值:10 分。

7.2.1.3 档案库外围护结构应有良好的保温和隔热性能。按下列规则分别评分并累计:

a) 库房外围护结构根据地区气候和建筑要求,采取保温和隔热等措施,得 2 分;

b) 档案库门为保温门,得 2 分;

c) 窗的气密性能、水密性能及保温性能分级要求应比当地办公建筑的要求提高一级,得 2 分。

评价总分值:6 分。

7.2.2 供暖、通风与空调(37 分)

7.2.2.1 供暖空调系统的冷、热源机组能效均应符合 GB/T 50378—2014 的规定及相关标准的规定。

评价分值:6 分。

7.2.2.2 集中供暖系统热水循环泵的耗电输热比和通风空调系统风机的单位风量耗功率应符合 GB 50189 的有关规定,且空调冷热水系统循环水泵的耗电输冷(热)比低于 GB 50736 规定值的 20%。

评价分值:6 分。

7.2.2.3 合理选择和优化供暖、通风与空调系统。评分规则如下:

a) 暖通空调系统能耗降低幅度不小于 5%,但小于 10%,得 3 分;

b) 暖通空调系统能耗降低幅度不小于 10%,但小于 15%,得 7 分;

c) 暖通空调系统能耗降低幅度不小于 15%,得 10 分。

评价总分值:10 分。

7.2.2.4 采取措施降低过渡季供暖、通风与空调系统能耗,采取可调新风比的措施。评分规则如下:

a) 最大可调新风比不小于 50%,但小于 75%,得 3 分;

b) 最大可调新风比不小于 75%,得 6 分。

评价总分值:6 分。

7.2.2.5 采取措施降低建筑物在部分冷热负荷和部分空间使用下的供暖、通风与空调系统能耗。按下列规则分别评分并累计：

a) 区分房间的朝向，细分空调区域，对空调系统进行分区控制，每个档案库房空调应能够独立控制，得3分；

b) 合理选配空调冷、热源机组台数与容量，制定实施根据负荷变化调节制冷（热）量的控制策略，且空调冷源的部分负荷性能符合GB 50189的规定，得3分；

c) 水系统、风系统采用变频技术，且采取相应的水力平衡措施，得3分。

评价总分值：9分。

7.2.3 照明与电气（21分）

7.2.3.1 在满足档案馆功能的前提下，采用照明节能措施，其具体评分规则如下：

a) 档案馆中的照明系统采取分区、定时、感应等节能控制措施，得5分；

b) 采用智能照明控制系统，根据需求调节人工光源。按建筑面积计算，该系统的使用率不低于30%，得10分。

评价总分值：10分。

7.2.3.2 在照明质量符合GB 50034有关规定的同时，照明功率密度值达到GB 50034规定的目标值。评分规则如下：

a) 不少于总建筑面积60%的区域，照明功率密度值不高于GB 50034规定的目标值，得4分；

b) 所有区域的照明功率密度值均不高于GB 50034规定的目标值，得8分。

评价总分值：8分。

7.2.3.3 合理选用电梯，并采用电梯群控等节能措施。

评价分值：3分。

7.2.4 能量综合利用（20分）

7.2.4.1 排风能量回收系统设计合理并运行可靠。

评价分值：3分。

7.2.4.2 合理采用蓄冷蓄热系统。

评价分值：3分。

7.2.4.3 合理利用余热废热提供建筑所需的蒸汽、供暖或生活热水等。

评价分值：4分。

7.2.4.4 根据当地气候和自然资源条件，合理利用可再生能源。按下列规则分别评分并累计：

a) 由可再生能源提供的生活用热水比例不低于25%，得4分；

b) 由可再生能源提供的空调用冷量和热量的比例不低于25%，得4分；

c) 由可再生能源提供的电量比例不低于2%，得2分。

评价总分值：10分。

8 节水与水资源利用

8.1 控制项

8.1.1 制定水资源利用方案，统筹利用各种水资源。

8.1.2 给排水系统设置合理、完善、安全。

8.1.3 采用节水器具。

8.2 评分项

8.2.1 节水系统(30 分)

8.2.1.1 建筑平均日用水量满足 GB 50555 中的节水用水定额的要求。评分规则如下:

a) 建筑平均日用水量小于节水用水定额的上限值、不小于中限值要求,得 4 分;

b) 建筑平均日用水量小于节水用水定额的中限值、不小于下限值要求,得 7 分;

c) 建筑平均日用水量小于节水用水定额的下限值要求,得 10 分。

评价总分值:10 分。

8.2.1.2 采取有效措施避免管网漏损。按下列规则分别评分并累计:

a) 选用密闭性能好的阀门、设备,使用耐腐蚀、耐久性能好的管材、管件,得 1 分;

b) 室外埋地管道采取有效措施避免管网漏损,得 1 分;

c) 设计阶段根据水平衡测试的要求安装分级计量水表;运营阶段,提供用水量计量情况和管网漏损检测、整改的报告,得 5 分。

评价总分值:7 分。

8.2.1.3 给水系统无超压出流现象。评分规则如下:

a) 用水点供水压力不大于 0.30 MPa,得 3 分;

b) 用水点供水压力不大于 0.20 MPa,且不小于用水器具要求的最低工作压力,得 8 分。

评价总分值:8 分。

8.2.1.4 使用用水计量装置,按下列规则分别评分并累计:

a) 按使用用途,对卫生间、空调系统、绿化、景观等用水分别设置用水计量装置,统计用水量,得 2 分;

b) 按付费或管理单元,分别设置用水计量装置,统计用水量,得 3 分。

评价总分值:5 分。

8.2.2 节水器具与设备(40 分)

8.2.2.1 使用较高用水效率等级的卫生器具。评分规则如下:

a) 用水效率等级达到三级,得 5 分;

b) 用水效率等级达到二级,得 10 分。

评价总分值:10 分。

8.2.2.2 绿化灌溉采用节水灌溉方式。按下列规则分别评分并累计:

a) 采用节水灌溉系统,得 7 分;在采用节水灌溉系统的基础上,设置土壤湿度感应器、雨天关闭装置等节水控制措施,再得 3 分;

b) 种植无需永久灌溉植物,得 4 分。

评价总分值:14 分。

8.2.2.3 空调设备或系统采用节水冷却技术。评分规则如下:

a) 循环冷却水系统设置水处理措施;采取加大集水盘、设置平衡管或平衡水箱的方式,避免冷却水泵停泵时冷却水溢出,得 6 分。

b) 运行时,冷却塔的蒸发耗水量占冷却水补水量的比例不低于 80%,得 10 分。

c) 采用无蒸发耗水量的冷却技术,得 10 分。

评价总分值:10 分。

8.2.2.4 除卫生器具、绿化灌溉和冷却塔外的其他用途用水若采用节水技术或相关措施,评分规则如下:

a） 其他用水中采用节水技术或措施的比例达到50％的，得3分；

b） 其他用水中采用节水技术或措施的比例达到80％的，得6分。

评价总分值：6分。

8.2.3 非传统水源利用（30分）

8.2.3.1 合理使用非传统水源。按下列规则分别评分并累计：

a） 绿化灌溉、道路冲洗、洗车用水采用非传统水源的用水量占其用水量的比例不低于80％，得7分；

b） 冲厕采用非传统水源的用水量占其用水量的比例不低于50％，得8分。

评价总分值：15分。

8.2.3.2 冷却水补水使用非传统水源。评分规则如下：

a） 冷却水补水使用非传统水源的量占其总用水量的比例不低于10％，得4分；

b） 冷却水补水使用非传统水源的量占其总用水量的比例不低于30％，得6分；

c） 冷却水补水使用非传统水源的量占其总用水量的比例不低于50％，得8分。

评价总分值：8分。

8.2.3.3 结合雨水利用设施进行景观水体设计，景观水体利用雨水的补水量大于其水体蒸发量的60％，且采用生态水处理技术保障水体水质。按下列规则分别评分并累计：

a） 对进入景观水体的雨水采取控制面源污染的措施，得4分；

b） 利用水生动、植物进行水体净化，得3分。

评价总分值：7分。

9 节材与材料资源利用

9.1 控制项

9.1.1 不采用国家和地方禁止和限制使用的建筑材料及制品。

9.1.2 混凝土结构中梁、柱纵向受力普通钢筋应采用不低于400 MPa级的热轧带肋钢筋。

9.1.3 建筑造型要素简约，且无大量装饰性构件。

9.1.4 室内装饰装修材料应符合国家相关室内装饰装修材料中有害物质限量标准的要求。

9.2 评分项

9.2.1 节材设计（45分）

9.2.1.1 择优选用建筑形体，根据GB 50011—2010规定的建筑形体规则性评分，建筑形体规则、结构传力合理的建筑，得9分。

评价分值：9分。

9.2.1.2 对地基基础、结构体系及构件进行优化设计，达到节材效果。按下列规则分别评分并累计：

a） 对地基基础方案进行节材优化设计，得4分；

b） 对结构体系进行节材优化设计，得5分；

c） 对结构构件进行节材优化设计，得3分。

评价总分值：12分。

9.2.1.3 土建工程与装修工程一体化设计。评分规则如下：

a） 公共部位土建与装修一体化设计，得5分；

b） 所有部位土建与装修一体化设计，得9分。

评价总分值:9 分。

9.2.1.4　合理利用场地内已有建筑物、构筑物。

评价分值:5 分。

9.2.1.5　建筑中可变换功能的室内空间采用可重复使用的隔墙和隔断。评分规则如下:

a)　可重复使用隔墙和隔断比例不小于 30%但小于 50%,得 3 分;

b)　不小于 50%但小于 80%,得 4 分;

c)　不小于 80%,得 5 分。

评价总分值:5 分。

9.2.1.6　采用工业化生产的预制构件。评分规则如下:

a)　预制构件用量不小于 15%但小于 30%,得 3 分;

b)　预制构件用量不小于 30%但小于 50%,得 4 分;

c)　预制构件用量不小于 50%,得 5 分。

评价总分值:5 分。

9.2.2　材料选用(55 分)

9.2.2.1　充分发挥地区优势,选用本地生产的建筑材料,降低运输能耗。评分规则如下:

a)　施工现场 500 km 以内生产的建筑材料重量占建筑材料总重量的不小于 60%但小于 70%,得 6 分;

b)　施工现场 500 km 以内生产的建筑材料重量占建筑材料总重量的不小于 70%但小于 90%,得 8 分;

c)　施工现场 500 km 以内生产的建筑材料重量占建筑材料总重量的不小于 90%,得 10 分。

评价总分值:10 分。

9.2.2.2　现浇混凝土采用预拌混凝土。

评价分值:10 分。

9.2.2.3　建筑砂浆采用预拌砂浆。评分规则如下:

a)　不少于 50%的砂浆采用预拌砂浆,得 3 分;

b)　砂浆全部采用预拌砂浆,得 5 分。

评价总分值:5 分。

9.2.2.4　合理采用高强建筑结构材料,降低材料用量。根据建筑结构材料的不同,其评价总分值为 a)或 b)或 c)项单项的得分值,评分规则按以下情况分别计分:

a)　混凝土结构评分规则如下:

1)　受力普通钢筋使用不低于 400 MPa 级钢筋占受力普通钢筋总量的不小于 30%但小于 50%,得 4 分;

2)　受力普通钢筋使用不低于 400 MPa 级钢筋占受力普通钢筋总量的不小于 50%但小于 70%,得 6 分;

3)　受力普通钢筋使用不低于 400 MPa 级钢筋占受力普通钢筋总量的不小于 70%但小于 85%,得 8 分;

4)　受力普通钢筋使用不低于 400 MPa 级钢筋占受力普通钢筋总量的不小于 85%,得 10 分;

5)　混凝土竖向承重结构采用强度等级不小于 C50 混凝土用量占竖向承重结构中混凝土总量的比例超过 50%,得 10 分。

b)　钢结构评分规则如下:

1)　Q345 及以上高强钢材用量占钢材总量的比例达到 50%,得 8 分;

2)　达到 70%,得 10 分。

c) 混合结构评分规则：对其混凝土结构部分和钢结构部分，分别按 9.2.2.4 a)和 b)进行评价；得分取前两项得分的平均值。

评价总分值：10 分。

9.2.2.5 合理采用高耐久性建筑结构材料，提高使用年限。根据建筑结构的不同，其评价总分值为 a)或 b)项单项的得分值，评分规则按以下情况分别计分：

a) 混凝土结构：高耐久性的混凝土用量占混凝土总量的比例超过 50%，得 5 分；

b) 钢结构：采用耐候结构钢或耐候型防腐涂料，得 5 分。

评价总分值：5 分。

9.2.2.6 采用可再利用材料和可再循环利用材料。评分规则如下：

a) 可再利用材料和可再循环利用材料重量占建筑材料总重量的比例不小于 10%但小于 15%，得 8 分；

b) 可再利用材料和可再循环利用材料重量占建筑材料总重量的比例不小于 15%，得 10 分。

评价总分值：10 分。

9.2.2.7 合理采用耐久性好、易维护的装饰装修建筑材料，并按下列规则分别评分并累计：

a) 合理采用清水混凝土，得 2 分；

b) 采用耐久性好、易维护的外立面材料，得 1 分；

c) 采用耐久性好、易维护的室内装饰装修材料，得 1 分；

d) 库房墙面材料应采用具有耐久性好、防霉和抗菌性材料，得 1 分。

评价总分值：5 分。

10 室内环境质量

10.1 控制项

10.1.1 主要功能房间的室内噪声级满足 GB 50118 中的低限要求。

10.1.2 主要功能房间的外墙、隔墙、楼板和门窗的隔声性能满足 GB 50118 中的低限要求。

10.1.3 档案馆环境的照度要求符合 JGJ 25—2010 中的规定。

10.1.4 建筑室内统一眩光值、一般显色指数等指标符合 GB 50034 的规定。

10.1.5 采用集中空调系统的建筑，各主要功能房间的温度、相对湿度、新风量等设计参数符合 JGJ 25—2010 和 GB 50736 的规定。

10.1.6 在室内设计温、湿度条件下，建筑围护结构和表面不结露。

10.1.7 建筑围护结构热工性能满足 GB 50189 的要求。

10.1.8 馆内游离甲醛、苯、氨、氡和 TVOC（总挥发性有机化合物）等空气污染物浓度符合 GB/T 18883 的有关规定。

10.1.9 纸质档案库房内空气质量要符合 GB/T 27703 的有关规定。

10.1.10 建筑材料、装修材料中有害物质量要符合 GB 18580～GB 18588 和 GB 6566 的规定。

10.1.11 存放档案的架、柜、箱应采用阻燃、耐腐蚀、无挥发性有害气体的材料制作，涂敷材料应稳定耐用无挥发性有害气体。

10.1.12 合理布置档案库房内密集架、箱、柜的布局排列，保证库房内空气循环流通。

10.1.13 档案馆内禁止吸烟。

10.2 评分项

10.2.1 室内声环境（20 分）

10.2.1.1 主要功能房间的室内噪声级达到 GB 50118 中的低限标准。评分规则如下：

a） 噪声级低于低限要求和高要求标准的平均数值，得3分；

b） 噪声级达到高要求标准的限值，得6分。

评价总分值：6分。

10.2.1.2 主要功能房间的外墙、隔墙、楼板和门窗的隔声性能优于GB 50118中的低限要求标准。按下列规则分别评分并累计：

a） 外墙和隔墙空气声隔声量：达到低标准限值和高标准限值的平均数值，得1分；达到高要求标准限值，得2分；

b） 门和窗空气声隔声量：达到低标准限值和高标准限值的平均数值，得1分；达到高要求标准限值，得2分；

c） 楼板空气声隔声量：达到低标准限值和高标准限值的平均数值，得1分；达到高要求标准限值，得2分；

d） 楼板撞击声隔声量：达到低标准限值和高标准限值的平均数值，得1分；达到高要求标准限值，得2分。

评价总分值：8分。

10.2.1.3 建筑平面布局和空间功能安排合理，减少排水噪声、管道噪声，减少相邻空间的噪声干扰以及外界噪声对室内的影响。按下列规则分别评分并累计：

a） 建筑平面、空间布局合理，没有明显的噪声干扰问题，得2分；

b） 采用同层排水，或其他降低排水噪声的有效措施，使用率在50%以上，得2分。

评价总分值：4分。

10.2.1.4 建筑中的多功能厅、会议厅和其他有声学要求的重要房间应进行专项声学设计，满足相应功能要求。

评价分值：2分。

10.2.2 室内光环境与视野（38分）

10.2.2.1 除库房外的地上部分主要功能空间应具有良好的户外视野，可以通过窗户或幕墙看到室外的自然景观，无明显视线干扰。

评价分值：3分。

10.2.2.2 室内采用高效光源设备及低能耗附件，并采取节能控制措施，在有自然采光的区域设定时段或光电控制。

评价分值：3分。

10.2.2.3 主要功能房间的采光系数满足GB 50033的要求。

评价分值：6分。

10.2.2.4 采用合理措施改善室内采光。按下列规则分别评分并累计：

a） 主要功能房间有合理的控制眩光、改善天然采光均匀性和人工照明的照度均匀性的措施，得4分；

b） 室内采光系数满足采光要求的面积比例达到60%，得4分；

c） 地下空间平均采光系数不小于0.5%的面积大于首层地下室面积的5%，得1分，面积达标比例每提高5%得1分，按表2的规则评分，最高得4分。

表2 地下空间采光评分规则

面积比例 R_A	得分
$5\% \leq R_A < 10\%$	1

表 2 地下空间采光评分规则（续）

面积比例 R_A	得分
$10\% \leqslant R_A < 15\%$	2
$15\% \leqslant R_A < 20\%$	3
$20\% \leqslant R_A < 25\%$	4

评价总分值：12 分。

10.2.2.5 采取可调节遮阳措施，防止夏季太阳辐射透过窗户玻璃直接进入室内。评分规则如下：

a) 太阳直射辐射可直接进入室内的外窗或幕墙，其透明部分面积的 25% 有可控遮阳调节措施，得 5 分；

b) 透明部分面积的 50% 以上有可控遮阳调节措施，得 10 分。

评价总分值：10 分。

10.2.2.6 采取措施避免有害光源对档案的损害。按下列规则分别评分并累计：

a) 档案库、档案阅览场所、展览厅及其他技术用房应防止日光直接射入，采取措施避免紫外线对档案、资料、文物的危害，得 2 分；

b) 档案库房、档案阅览场所及其他技术用房人工照明设备应选用紫外线含量低的光源。当紫外线含量超过 75 μW/lm 时，应采取防紫外线的措施，得 2 分。

评价总分值：4 分。

10.2.3 室内安防与消防（5 分）

10.2.3.1 档案库房设置火灾自动报警系统，且采用对档案无污染的灭火系统，得 2 分。

评价分值：2 分。

10.2.3.2 档案馆的安全防控。按下列规则分别评分并累计：

a) 档案馆建筑周界、外门及首层外窗等重要部位有入侵报警装置，得 1 分；

b) 馆内主要功能用房及公共区域有入侵报警和视频监控措施，得 1 分；

c) 监控中心对重要防护部位进行 24 h 监控，且监控系统有报警及实时录像和录音功能，得 1 分。

评价总分值：3 分。

10.2.4 室内温湿度与空气质量（37 分）

10.2.4.1 对温湿度有特殊要求的档案库区，其空调系统应自成体系，各空调分区应能互相封闭且独立控制，并配置档案库房温湿度巡检系统。

评价分值：2 分。

10.2.4.2 档案馆温湿度控制范围应符合 JGJ 25—2010 的要求。

评价分值：2 分。

10.2.4.3 供暖空调系统末端现场独立调节方便、有利于改善人员舒适性。评分规则如下：

a) 70% 及以上的主要功能房间的供暖、空调末端装置可独立启停和调节室温得 4 分；

b) 90% 及以上的主要功能房间满足上述要求，得 8 分。

评价总分值：8 分。

10.2.4.4 建筑空间平面和构造设计采取优化措施，改善原通风不良区域的自然通风效果，使得建筑在过渡季典型情况下，90% 以上的房间的平均自然通风换气次数不小于 2 次/h。

评价分值：8 分。

10.2.4.5　室内气流组织合理。按下列规则分别评分并累计：

a)　避免卫生间、餐厅、地下车库等区域的空气和污染物串通到室内其他空间或室外主要活动场所，得 3 分；

b)　重要功能区域供暖、通风与空调工况下的气流组织满足热环境参数设计要求，得 3 分。

评价总分值：6 分。

10.2.4.6　主要功能房间中人员密度较高且随时间变化大的区域设置室内空气质量监控系统，保证健康舒适的室内环境。按下列规则分别评分并累计：

a)　对室内的二氧化碳浓度进行数据采集、分析并与通排风联动，得 2 分；

b)　实现对室内污染物浓度(如甲醛)超标实时报警，并与通排风系统联动，得 2 分。

评价总分值：4 分。

10.2.4.7　地下空间设置与通排风设备联动的一氧化碳浓度监测装置，保证地下空间污染物浓度符合有关标准的规定。

评价分值：2 分。

10.2.4.8　合理设计建筑体型、朝向、窗墙面积比，进行通风优化设计，并能提供相关设计技术证明，得 2 分。

评价分值：2 分。

10.2.4.9　消毒室应设有单独的直达屋面外的排气管道，废气排放应符合国家现行有关环境保护标准的规定。

评价分值：2 分。

10.2.4.10　实施开窗通风的档案库房，采取有效措施防范有害生物、有害气体、灰尘等对档案的危害。

评价分值：1 分。

11　施工管理

11.1　控制项

11.1.1　建立绿色建筑项目施工管理体系和组织机构，并落实各级责任人。

11.1.2　施工过程中制定并实施全过程环境保护的具体措施，控制由于施工引起各种污染以及对场地周边区域的影响。

11.1.3　施工项目部制定施工人员职业健康安全管理计划，并组织实施。

11.1.4　施工前进行设计文件中绿色建筑重点内容的专业交底。

11.2　评分项

11.2.1　环境保护(22 分)

11.2.1.1　采取有效的防扬尘措施，严格控制施工过程中空气中的悬浮颗粒物含量。评分规则如下：

a)　在施工过程中，采用传统的洒水、覆盖、遮挡等措施，得 4 分；

b)　在施工过程中，采用较先进的防尘自动喷淋技术、喷雾式花洒防尘技术、高空喷雾防尘等技术的，得 6 分；

评价总分值：6 分。

11.2.1.2　采取有效的降噪措施。在施工场界测量并记录噪声，满足 GB 12523 的规定。

评价分值：6 分。

11.2.1.3　制定并实施施工废弃物减量化资源化计划。按下列规则分别评分并累计：

a)　制定施工废弃物减量化资源化计划，得 3 分；

b) 可回收施工废弃物的回收率不小于80%,得3分;

c) 每10 000 m^2 建筑面积施工固体废弃物排放量,评分规则如下:

1) 不大于400 t但大于350 t,得1分;

2) 不大于350 t但大于300 t,得3分;

3) 不大于300 t,得4分。

评价总分值:10分。

11.2.2 资源节约(39分)

11.2.2.1 制定并实施施工节能和用能方案,监测并记录施工能耗。按下列规则分别评分并累计:

a) 制定并实施施工节能和用能方案,得1分;

b) 监测并记录施工区、生活区的能耗,得3分;

c) 监测并记录主要建筑材料、设备从供货商提供的货源地到施工现场运输的能耗,得3分;

d) 监测并记录建筑施工废弃物从施工现场到废弃物处理或回收中心运输的能耗,得1分。

评价总分值:8分。

11.2.2.2 制定并实施施工节水和用水方案,监测并记录施工水耗。按下列规则分别评分并累计:

a) 制定并实施施工节水和用水方案,得1分;

b) 监测并记录施工区、生活区的水耗数据,得3分;

c) 监测并记录基坑降水的抽取量、排放量和利用量数据,得2分;

d) 利用循环水洗刷、降尘、绿化等,得1分。

评价总分值:7分。

11.2.2.3 减少预拌混凝土的损耗。评分规则如下:

a) 损耗率不大于1.5%但大于1.0%,得3分;

b) 损耗率不大于1.0%,得6分。

评价总分值:6分。

11.2.2.4 采取措施,降低钢筋损耗率。其评价总分值为a)或b)项单项的得分值,评分规则按以下情况分别计分:

a) 80%以上的钢筋采用专业化加工,得8分;

b) 现场加工钢筋损耗率评分规则如下:

1) 不大于4.0%但大于3.0%,得4分;

2) 不大于3.0%但大于1.5%,得6分;

3) 不大于1.5%,得8分。

评价总分值:8分。

11.2.2.5 增加模板周转次数。评分规则如下:

a) 工具式定型模板使用面积占模板工程总面积的比例不小于50%但小于70%,得6分;

b) 不小于70%但小于85%,得8分;

c) 不小于85%,得10分。

评价总分值:10分。

11.2.3 过程管理(39分)

11.2.3.1 实施设计文件中绿色建筑重点内容。按下列规则分别评分并累计:

a) 参加各方进行绿色建筑重点内容的专项会审,得2分;

b) 施工过程中以施工日志记录绿色建筑重点内容的实施情况,得2分。

评价总分值:4分。

11.2.3.2 严格控制设计文件变更,避免出现降低建筑绿色性能的重大变更。

评价分值:4分。

11.2.3.3 施工过程中对建筑结构耐久性能、建筑材料和设备进行检测。按下列规则分别评分并累计:

a) 对建筑结构耐久性技术措施进行相应检测并记录,得3分;

b) 对有节能、环保要求的设备进行相应检测并记录,得3分;

c) 对有节能、环保要求的装饰材料进行相应检验并记录,得2分。

评价总分值:8分。

11.2.3.4 实现土建装修一体化施工。按下列规则分别评分并累计:

a) 提供土建装修一体化施工图纸、效果图,得3分;

b) 工程竣工时主要功能空间的使用功能完备,装修到位,得3分;

c) 提供装修材料检测报告、机电设备检测报告、性能复试报告,得3分;

d) 提供建筑竣工验收证明、建筑质量保修书、使用说明书,得3分;

e) 提供业主反馈意见书,得3分。

评价总分值:15分。

11.2.3.5 工程竣工验收前,由建设单位组织有关责任单位,进行机电系统的综合调试和联合试运转,结果符合设计要求。

评价分值:8分。

12 运营管理

12.1 控制项

12.1.1 制定并实施节能、节水、节材等资源节约与绿化管理制度。

12.1.2 制定垃圾管理制度,有效控制垃圾物流,对废弃物进行分类收集,垃圾容器设置规范。

12.1.3 采用化学消毒设备应配备尾气处理系统,废水废气的排放应符合 GB 16297 和 GB 8978 的规定。

12.1.4 节能、节水设施工作正常,符合设计要求。

12.1.5 供暖、通风、空调、照明等设备的自动监控系统工作正常,运营记录完整。

12.1.6 制定并记录档案馆外墙、玻璃幕墙的定期清理,保证档案馆外部建筑的干净、整洁。

12.2 评分项

12.2.1 管理制度(26分)

12.2.1.1 物业管理部门获得有关管理体系认证。按下列规则分别评分并累计:

a) 具有 ISO 14001 环境管理体系认证,得4分;

b) 具有 ISO 9001 质量管理体系认证,得4分;

c) 具有 GB/T 23331 能源管理体系认证,得2分。

评价总分值:10分。

12.2.1.2 节能、节水、节材与绿化的操作规程,值班人员严格遵守规定和应急预案。按下列规则分别评分并累计:

a) 操作管理制度在现场明示,操作人员严格遵守规定,得2分;

b) 节能、节水设施运营具有完善的管理制度和应急预案,得2分。

评价总分值:4分。

12.2.1.3 实施能源资源管理激励机制,管理业绩与节约能源资源、提高经济效益挂钩。按下列规则分别评分并累计：

a) 物业管理机构的工作考核体系中包含能源资源管理激励机制，得3分；

b) 与租用者的合同中包含节能条款，得1分；

c) 采用能源合同管理模式，得2分。

评价总分值：6分。

12.2.1.4 建立绿色教育宣传机制，编制绿色设施使用手册，形成良好的绿色氛围。按下列规则分别评分并累计：

a) 有绿色教育宣传工作记录，得2分；

b) 向使用者提供绿色设施使用手册，得2分；

c) 相关绿色行为与风气获得媒体报道，得2分。

评价总分值：6分。

12.2.2 技术管理(40分)

12.2.2.1 定期检查、调试公共设施设备，并根据运行检测数据进行设备系统的运行优化。按下列规则分别评分并累计：

a) 对设备管理具有检查调试、运行、标定记录，设备管理措施齐全、调试运行记录完整，得7分；

b) 提交设备能效改造等方案、施工文档和改造后的运行记录，并能持续改进，得3分。

评价总分值：10分。

12.2.2.2 视频监控系统资料储存设备能够储存不少于3个月的记录数据。

评价分值：2分。

12.2.2.3 对机械通风系统按照GB 19210的规定进行定期检查和清洗。按下列规则分别评分并累计：

a) 具有机械设备和风管的检查和清洗计划，得2分；

b) 具有日常清洗维护记录且保存完整，得1分。

评价总分值：3分。

12.2.2.4 每年对档案库房的温湿度测量设备进行校对。

评价分值：2分。

12.2.2.5 档案库房的防潮防水应满足档案保护的需要。按下列规则分别评分并累计：

a) 定期对档案库房顶层、外墙、地面、门窗进行检查，及时处理渗透隐患，得1分；

b) 定期对邻近档案库房的水管渗透隐患进行检查，得1分。

评价总分值：2分。

12.2.2.6 非传统水源的水质和用水量记录完整准确。按下列规则分别评分并累计：

a) 定期进行水质检测并保存记录，得2分；

b) 用水量记录完整、准确，得1分。

评价总分值：3分。

12.2.2.7 智能化系统的运行效果满足建筑运行与管理的需要。按下列规则分别评分并累计：

a) 建筑的智能化集成系统、信息设施系统、信息化应用系统、建筑设备管理系统、公共安全系统、机房工程等满足GB 50314的基本配置要求，得8分；

b) 智能化系统工作正常，设计合理，并符合设计要求，得4分。

评价总分值：12分。

12.2.2.8 应用信息化手段进行物业管理，建筑工程、设施、设备、部品、能耗等档案及记录齐全。按下列规则分别评分并累计：

a) 设置物业信息管理系统，得3分；

b) 物业管理信息系统功能完备,得 2 分;

c) 记录数据完整,得 1 分。

评价总分值:6 分。

12.2.3 环境管理(34 分)

12.2.3.1 采用无公害病虫害防治技术,规范杀虫剂、除草剂、化肥、农药等化学药品的使用,有效避免对土壤、地下水环境以及档案馆室内环境的损害。按下列规则分别评分并累计:

a) 建立和实施化学药品管理责任制,得 3 分;

b) 病虫害防治用品使用记录完整,得 1 分。

c) 定期对馆藏档案进行虫霉情况检查,得 1 分。

d) 档案消毒采用绿色环保的虫霉治理方式,得 1 分。

评价总分值:6 分。

12.2.3.2 对绿化区做好日常养护,发现危树、枯死树木应及时处理。按下列规则分别评分并累计:

a) 工作记录完整,得 2 分。

b) 栽种和移植的树木一次成活率大于 90%,得 4 分。

评价总分值:6 分。

12.2.3.3 垃圾站(间、箱)不污染环境,不散发臭味。按下列规则分别评分并累计:

a) 垃圾站(间、箱)定期冲洗,得 2 分;

b) 垃圾及时清运、处置,得 2 分;

c) 周边无恶臭,用户反映良好,得 2 分。

评价总分值:6 分。

12.2.3.4 实行垃圾分类收集和处理。按下列规则分别评分并累计:

a) 垃圾分类收集率不低于 90%,得 4 分;

b) 可回收垃圾的回收比例不低于 90%,得 2 分;

c) 对可生物降解垃圾进行单独收集和合理处置,得 2 分;

d) 对有害垃圾进行单独收集和合理处置,得 2 分。

评价总分值:10 分。

12.2.3.5 实施对档案馆外墙、玻璃幕墙等定期清洗、维护。评分规则如下:

a) 五年清洗、维护次数等于一次的,得 2 分;

b) 两年清洗、维护次数等于一次的,得 4 分;

c) 一年清洗、维护次数大于或等于一次的,得 6 分。

评价总分值:6 分。

13 提升与创新

13.1 基本要求

13.1.1 绿色建筑评价时,按本章规定对绿色建筑加分项进行评价,并确定附加得分。

13.1.2 绿色建筑加分项分为性能提升和创新两部分,按 13.2 的要求评分;当加分项总得分大于 10 分时,取 10 分。

13.2 加分项

13.2.1 性能提升(13 分)

13.2.1.1 围护结构热工性能指标优于国家有关建筑节能设计标准的规定,并满足下列任意一款的要求：

a） 围护结构全部热工性能指标在比国家现行相关建筑节能设计标准的规定提高20%；

b） 供暖空调全年计算负荷降低幅度不小于15%。

评价总分值:2分。

13.2.1.2 供暖空调系统的冷、热源机组的能源效率等级均为国家现行有关能效等级标准规定的1级。

评价分值:1分。

13.2.1.3 卫生器具的用水效率均为国家现行有关卫生器具用水等级标准规定的1级。

评价分值:1分。

13.2.1.4 根据当地资源及气候条件，采用资源消耗少和环境影响小的建筑结构体系。

评价分值:1分。

13.2.1.5 使用以废弃物为原料生产的建筑材料，且该建筑材料质量占同类建筑材料总质量的比例不小于30%。评分规则如下：

a） 使用一种以废弃物为原料生产的建筑材料，得3分；

b） 使用一种以废弃物为原料生产的建筑材料，且该建筑材料质量占同类建材总质量比例大于50%，得4分；

c） 采用两种及以上以废弃物为原料生产的建筑材料，且废料利用比率占到总用料的30%以上，得5分。

评价总分值:5分。

13.2.1.6 采取有效的空气处理措施，设置室内空气质量监控系统，保证健康舒适的室内环境。

评价分值:1分。

13.2.1.7 装修工程竣工后，建筑室内游离甲醛、苯、氨、氡和TVOC等空气污染物浓度不高于GB 50325规定值的70%。

评价分值:1分。

13.2.1.8 合理采用分布式热电冷联供技术，系统全年能源综合利用率不低于70%。

评价分值:1分。

13.2.2 创新(9分)

13.2.2.1 建筑方案充分考虑当地资源、气候条件、场地特征和使用功能，合理控制和分配投资预算，具有明显的提高资源利用效率、提高建筑性能质量和环境友好性等方面的特征。

评价分值:2分。

13.2.2.2 合理选用废弃场地进行建设。对已被污染的废弃地，进行处理并达到有关标准要求。

评价分值:1分。

13.2.2.3 在建筑的规划设计、施工建造和运营管理阶段应用建筑信息模型(BIM)技术，每用于1个阶段得1分。

评价分值:3分。

13.2.2.4 对建筑进行碳排放计算分析，采取有效措施降低单位建筑面积碳排放强度。

评价分值:2分。

13.2.2.5 在节能、节材、节水、节地、环境保护和运营管理等方面，采用创新性强且实用效果突出的新技术、新材料、新产品、新工艺，可产生明显的经济、社会和环境效益。

评价分值:1分。

DA/T 76—2019《绿色档案馆建筑评价标准》档案行业标准第1号修改单

本修改单经国家档案局于2021年5月26日批准，自2021年10月1日起实施。

5.2.7

将“绿色档案馆建筑分为一星级、二星级、三星级3个等级。3个等级的绿色档案馆建筑都应满足本标准所有控制项的要求，且每类指标的评分项得分不应小于40分。当绿色档案馆建筑总得分分别达到50分、60分、80分时，绿色档案馆建筑分别为一星级、二星级、三星级。”

修改为：

“绿色档案馆建筑划分应为基本级、一星级、二星级、三星级4个等级。当满足全部控制项要求时，绿色档案馆建筑为基本级。一星级、二星级、三星级的绿色档案馆建筑都应满足本标准所有控制项的要求，且每类指标的评分项得分不应小于40分。当绿色档案馆建筑总得分分别达到50分、60分、80分时，绿色档案馆建筑分别为一星级、二星级、三星级。”

6.1

增加“6.1.6　项目选址应遵循国土空间规划政策、因地制宜的原则，严守三条控制线，综合考虑、合理规划建筑所在地区的自然资源环境、经济文化等特点。”

ICS 01.140.20
CCS A 14

中华人民共和国档案行业标准

DA/T 86—2021

财产保险业务档案管理规范

Specification on property insurance business archives management

2021-05-26 发布　　2021-10-01 实施

国家档案局　发布

前　　言

本文件按照GB/T 1.1—2020《标准化工作导则　第1部分：标准化文件的结构和起草规则》的规定起草。

请注意本文件的某些内容可能涉及专利。本文件的发布机构不承担识别专利的责任。

本文件由国家档案局提出并归口。

本文件起草单位：国家档案局经济科技档案业务指导司、中国人民保险集团股份有限公司、中国人民财产保险股份有限公司、浙江省档案局。

本文件主要起草人：姜延溪、蔡盈芳、沈卉子、许春芝、袁瑞、杨祯贞、米长军、张晶晶、车昊珈、沈文兵、邱菊、胡博硕、赵真。

财产保险业务档案管理规范

1 范围

本文件规定了财产保险业务文件收集、整理、归档和财产保险业务档案保管、利用、鉴定与销毁等的要求和方法。

本文件适用于财产保险公司财产损失保险、责任保险、信用保险等财产保险相关业务档案的管理。

2 规范性引用文件

下列文件中的内容通过文中的规范性引用而构成本文件必不可少的条款。其中，注日期的引用文件，仅该日期对应的版本适用于本文件；不注日期的引用文件，其最新版本（包括所有的修改单）适用于本文件。

GB/T 11821 照片档案管理规范

GB/T 18894 电子文件归档与电子档案管理规范

DA/T 15 磁性载体档案管理与保护规范

DA/T 50 数码照片归档与管理规范

DA/T 68.1 档案服务外包工作规范 第1部分：总则

DA/T 69 纸质归档文件装订规范

DA/T 70 文书类电子档案检测一般要求

DA/T 78 录音录像档案管理规范

JGJ 25 档案馆建筑设计规范

3 术语和定义

下列术语和定义适用于本文件。

3.1

财产保险 property insurance

以财产及其有关利益为保险标的的保险。

3.2

财产保险公司 property and casualty insurance company

经营财产损失保险、责任保险、信用保险、短期健康保险和意外伤害保险等保险业务的保险公司。

3.3

财产保险业务文件 property insurance business record

在开展财产保险承保、理赔、再保险等业务活动中直接形成的各种形式和载体的记录。

注：具体包括承保类、理赔类和再保险业务文件。

3.4

财产保险业务档案 property insurance business archive

办理完毕且具有保存价值并归档保存的财产保险业务文件。

3.5

财产保险业务电子文件　electronic document of property insurance business

在开展财产保险承保、理赔、再保险等业务活动中,通过计算机等电子设备形成、办理、传输和存储的数字格式的各种信息记录。

3.6

财产保险业务电子档案　electronic record of property insurance business

办理完毕且具有保存价值并归档保存的财产保险业务电子文件。

4　总则

4.1　财产保险业务档案工作是财产保险公司档案工作的组成部分,财产保险公司应建立健全财产保险业务文件归档和业务档案管理规章制度,并采取相应措施确保财产保险业务档案的完整、准确、系统和安全。

4.2　财产保险业务文件归档是业务工作流程的一个环节,应纳入业务工作或项目计划,纳入业务部门职责范围和业务人员岗位责任制,纳入考核体系和奖惩制度。

4.3　财产保险业务电子文件归档和业务电子档案管理应纳入本单位信息化建设规划,实施全程和集中管理,确保财产保险业务电子档案的真实性、完整性、可用性和安全性。

4.4　财产保险业务档案工作所需的基础设施设备、日常管理、信息化建设等相关经费,应列入本单位年度财务预算。

4.5　财产保险公司对财产保险业务档案中记载的客户信息负有保密职责,严禁擅自泄露客户信息。

5　管理职责

5.1　业务部门职责

负责财产保险业务文件的收集、整理和归档工作,并对归档文件的完整、准确、形成质量和整理质量负责。

5.2　档案部门职责

5.2.1　负责对财产保险业务档案工作进行统筹规划。

5.2.2　负责制定符合本单位实际的财产保险业务档案管理规章制度。

5.2.3　负责监督和指导业务部门做好财产保险业务文件的收集、整理和归档工作。

5.2.4　负责财产保险业务档案的接收、保管、利用、鉴定、销毁等工作。

5.2.5　参与本单位财产保险业务信息系统的规划、设计、开发、实施等工作,提出财产保险业务电子文件归档要求,指导业务部门及时归档财产保险业务电子文件;负责电子档案管理系统建设,确保能够及时接收财产保险业务电子文件,并符合电子档案管理要求。

5.3　信息化部门职责

负责在财产保险业务信息系统规划、设计、开发、实施、运维等过程中落实财产保险业务电子文件归档功能要求,依据标准建设财产保险业务信息系统电子文件归档功能,参与电子档案管理系统建设,做好电子档案管理系统的运行维护,为财产保险业务电子文件归档和电子档案管理提供信息化支持。

6 收集

6.1 财产保险公司在承保、理赔、再保险等业务活动中直接形成的业务文件应纳入归档范围。各公司可参考但不限于附录A确定本单位财产保险业务文件归档范围。

6.2 财产保险业务文件归档时应划分保管期限。财产保险业务档案的保管期限分为永久和定期，定期包括30年、10年、5年，各类业务档案保管期限具体见附录A。附录A中规定的保管期限为最低期限，各公司在具体划分时可选择高于本规定的期限。承保类业务档案的保管期限一般自保险合同终止之日起计算，理赔类业务档案的保管期限一般自结案次年1月1日起计算，再保险业务档案的保管期限一般自归档之日起计算。

6.3 业务人员应根据归档范围将办理完毕的业务文件及时移交部门专(兼)职档案人员。

6.4 财产保险业务文件制成档案材料应有利于归档保存，图文字迹应符合耐久性要求。

7 整理和归档

7.1 整理时间和要求

7.1.1 财产保险业务文件收集完成后应及时整理。

7.1.2 财产保险业务文件的整理应保持业务文件之间的有机联系，并区分不同价值，便于保管和利用。

7.1.3 整理纸质业务文件所使用的书写材料、纸张、装订材料等应符合档案保管保护要求。

7.1.4 财产保险业务文件中的照片、音频及视频等的整理应符合GB/T 11821、DA/T 50、DA/T 78等文件的规定。

7.2 分类

7.2.1 财产保险业务文件一般采用年度—业务类型—险种(或实际操作类别)—保管期限的分类方法。

7.2.2 财产保险业务文件按照业务类型一般分为承保类业务文件、理赔类业务文件、再保险业务文件。

7.2.3 承保类业务文件按照险种可划分为：航空保险、航天保险、石油保险、核保险、企业财产保险、家庭财产保险、工程保险、责任保险、信用保险、保证保险、船舶保险、货物运输保险、保赔保险、机动车保险、农业保险等类别业务文件。

7.2.4 理赔类业务文件按照险种可划分为：航空保险、航天保险、石油保险、核保险、企业财产保险、家庭财产保险、工程保险、责任保险、信用保险、保证保险、船舶保险、货物运输保险、保赔保险、机动车保险、农业保险等类别业务文件。

7.2.5 再保险业务文件按照商业分保实际操作类别可划分为：商业分保业务、再保险结算业务等类别业务文件。

7.3 组件

7.3.1 承保类业务文件一般以一份保单所有文件为一件。批单一般与保单组成一件，如因实际情况无法组成一件，可在建立索引和对应关系后分别组件。一件承保类业务文件中的文件，保单放在该文件最前面，其他文件按照承保工作程序依次排列。

7.3.2 理赔类业务文件一般以一个赔案所有文件为一件。一个赔案所有文件一般合并组成一件，如因实际情况无法组成一件，可在建立索引和对应关系后分别组件。一件理赔类业务文件中的文件，有批复的赔案，批复放在该文件最前面；非诉讼赔案的结论、决定放在该文件最前面；有诉讼案件判决性材料的诉讼赔案，判决性材料放在该文件最前面；其他文件按照理赔工作程序依次排列。

7.3.3 再保险业务文件一般以一个再保险商业分保合约所有文件为一件；一个临分项目所有文件为一

件;一个再保险结付人的结算文件为一件。一件再保险业务文件中的文件,按照再保险工作程序依次排列。

7.4 排列

7.4.1 承保类业务文件按险种和保管期限划分后,一般按照保单或批单的流水号依次排列。

7.4.2 理赔类业务文件按险种和保管期限划分后,一般按照赔案号依次排列。

7.4.3 再保险业务文件按实际操作类别和保管期限划分后,一般按照文件形成时间依次排列。

7.5 编页码

7.5.1 财产保险业务文件一般以件为单位编制页码,以有效内容的页面为一页。

7.5.2 页码应逐页连续编制,宜分别标注在文件正面右上角或背面左上角的空白位置。

7.5.3 拟编制页码与文件原有页码相同的,可以保持原有页码不变。

7.6 编档号

7.6.1 财产保险业务文件档号的结构宜为:全宗号－档案门类代码－分类号－件号。

7.6.2 全宗号、档案门类代码由财产保险公司统一规定。

财产保险公司根据本单位实际情况确定全宗号。档案在形成的全宗单位自行保管的,可不编制全宗号。

档案门类代码一般由"财险"汉语拼音首字母"CX"标识。

7.6.3 分类号由年度、业务类型代码和险种(或实际操作类别)代码及保管期限代码组成,中间用"－"连接。

年度:文件形成或针对的年度(以4位阿拉伯数字标注公元纪年,如2011);跨年度形成的文件,放入办结年度。

业务类型和险种(或实际操作类别)代码:一般采用阿拉伯数字(01～99)标识。各级类目标识之间用"."隔开。比如,01.02表示某财产保险公司的航天保险承保类业务档案,其中,01代表承保类业务档案,02代表航天保险。

保管期限代码:保管期限分为永久、定期30年、定期10年、定期5年,分别以代码"Y""D30""D10""D5"标识。

件号是单件业务档案在分类号最低一级类目内的排列顺序号,一般采用6位阿拉伯数字标识,不足6位的,前面用"0"补足,如"000266"。各单位可根据业务档案数量调整件号位数。

示例:档号11000000－CX－2012－01.01－D30－012345,其中,11000000代表全宗号,CX代表财产保险业务档案门类,2012代表形成年度2012年,01.01代表航空保险承保类业务档案,D30代表保管期限30年,012345代表第12345件业务档案。以上档号表示某财产保险公司某分支机构2012年形成的保管期限为30年的第12345件航空保险承保类业务档案。

7.6.4 按件装订的财产保险业务文件应在首页上端的空白位置加盖归档章并填写相关内容。归档章应填写档号,归档章样式见附录B的图B.1。电子文件可以由系统生成归档章样式或以条形码等其他形式在归档文件上进行标识。

7.7 编目

7.7.1 财产保险业务文件应依据档号顺序逐件编制归档文件目录。

7.7.2 承保类业务文件归档文件目录一般设置序号、档号、保单号、被保险人、单证流水号、页数、责任者、备注等项目。目录样式见图B.2。

7.7.3 理赔类业务文件归档文件目录一般设置序号、档号、赔案号、被保险人、保单号、赔款金额、结案时间、页数、责任者、备注等项目。目录样式见图B.3。

7.7.4 再保险业务文件归档文件目录一般设置序号、档号、合约/项目名称或再保险结付人名称、合约编号/分保业务号、合约/项目起期、合约/项目止期、页数、责任者、备注等项目。目录样式见图 B.4。

7.8 装订

7.8.1 财产保险业务文件装订前,应对不符合保管要求的业务文件进行修整。文件载体已破损的,应予以修裱;字迹模糊或易退变的,应予复制。财产保险业务文件应按照保管期限要求去除易锈蚀、易氧化的金属或塑料装订用品。对于幅面过大的业务文件,应在不影响其日后使用效果的前提下进行折叠。

7.8.2 财产保险业务文件一般以件为单位装订。

7.8.3 如一件财产保险业务文件内的文件较多,可以分成多册装订,多册文件为同一件。

7.8.4 装订采用线装法、粘接法或封套法等方式,有关操作应符合 DA/T 69 的规定。

7.9 装盒

7.9.1 将财产保险业务文件依据档号顺序逐件依次装入档案盒。不同分类号的文件不能装入同一个档案盒。

7.9.2 档案盒内应放置盒内归档文件目录和备考表。盒内备考表一般设置盒内文件情况说明、整理人、检查人和日期等项目。盒内目录应放置于盒内所有文件之前,盒内备考表应放置于盒内所有文件之后。盒内备考表样式见图 B.5。

7.9.3 档案盒应根据摆放方式的不同,在盒脊背或底边填写全宗号、档案门类代码、年度、业务类型和险种(或实际操作类别)、保管期限、起止件号、盒号等内容。其中,起止件号填写盒内第一件文件和最后一件文件的件号;盒号即同一年度、业务类型和险种(或实际操作类别)档案盒的排列顺序号。盒脊背样式见图 B.6。

7.10 移交归档

7.10.1 部门专(兼)职档案人员应定期将已整理的财产保险业务文件向档案部门移交归档。承保类业务文件不晚于保单签发的第三年,理赔类业务文件在结案的次年,再保险业务文件在再保险合约关门、临分项目结束或结算文件形成后的次年向本单位档案部门移交归档。

7.10.2 业务部门移交的业务文件经档案部门检查合格后,由业务部门填写档案交接登记表,双方按规定办理交接手续。档案交接登记表应一式两份,交接双方各留存一份。档案交接登记表样式见图 B.7、图 B.8、图 B.9。

8 保管

8.1 财产保险公司应依据财产保险业务档案的载体选择档案存放设备,并设置与本单位档案工作发展相适应的档案库房。档案库房应保持干净、整洁,并具备防潮、防水、防日光及紫外线照射,防尘、防污染、防有害生物、防火、防盗等条件,库房防护功能及温、湿度应符合 JGJ 25、GB/T 18894 和 DA/T 15 对各类档案载体的保管规定。

8.2 财产保险业务档案应及时上架,上架排列方法应与本单位业务文件分类方案一致,排架方法应避免频繁倒架。每年形成的业务档案按业务类型区分后,按照险种(或实际操作类别)序列依次上架。

8.3 财产保险公司对自身的业务档案可以采取自行管理、全部或部分委托具有相应档案管理资质的第三方管理的方式进行管理。

采取自行管理方式的,应至少集中到市级机构统一管理,有条件的可集中到省级机构统一管理。

采取委托第三方管理方式的,应与第三方管理机构签订管理合同,明确有关要求,指定专门机构、专门人员负责监督该机构的运行。有关操作应符合 DA/T 68.1 的规定。

9 利用

9.1 查、借阅业务档案应办理相关手续，严格遵守登记和审批制度。

9.2 已经采取电子档案管理方式的，查阅档案时，应优先查阅电子档案，以保护传统载体业务档案。

9.3 借阅人员归还纸质业务档案后，档案管理人员应及时检查，确保业务档案为原件。如发生丢失、损坏、缺页等情况，应追究有关人员责任。

9.4 财产保险公司应积极开展业务档案的提供利用服务工作，加强对业务档案的编研开发，满足公司业务活动和管理工作的需要。

10 鉴定与销毁

10.1 财产保险公司应成立由分管领导、档案、业务、法律、合规等部门人员组成的档案鉴定小组，对到期的业务档案进行鉴定，形成鉴定意见书。业务档案鉴定工作由档案部门牵头，会同业务、法律、合规等部门进行。

10.2 经档案鉴定小组鉴定，仍需要延长保管期限的业务档案，由档案部门在归档文件目录内注明延长年限；对保管期限满确无保存价值的业务档案，应登记造册，形成销毁清册，由档案、业务、法律、合规等部门负责人审核，再报公司负责人审批签字后方可销毁。

10.3 档案部门负责组织档案销毁。销毁档案时，应有两人监销，销毁人员及监销人员应在销毁清册上签字，严格防止业务档案遗失和泄密。

10.4 销毁的业务档案由档案部门在归档文件目录内注明“已销毁”字样。销毁清册应按照销毁时间顺序永久保存。

10.5 对虽已到期、但未结清债权债务或有其他未了事项的业务档案不得销毁。对国家和社会具有重要保存价值的业务档案应适当延长保管期限。

11 业务电子文件归档和电子档案管理

11.1 财产保险公司应按照 GB/T 18894 和 DA/T 70 的要求，做好财产保险业务电子文件归档和财产保险业务电子档案的管理工作。

11.2 来源可靠、程序规范、要素合规的财产保险业务电子档案可仅以电子形式保存。财产保险业务档案同时存在纸质与电子两种载体时，应在内容、相关说明及描述上保持纸质档案与电子档案之间的有机联系。

11.3 财产保险公司应明确财产保险业务电子文件及其元数据的归档范围、时间、程序、接口和格式等要求。

11.4 财产保险业务信息系统应具备电子文件归档管理功能或接口，能支持按要求形成、收集、整理、归档电子文件及其元数据。

11.5 财产保险业务电子档案管理系统应具备业务电子档案接收、整理、保存、统计、利用、鉴定与销毁、安全管理和系统管理等功能，以满足财产保险业务电子文件归档与电子档案管理需要；应具备对实体档案进行辅助管理功能，具备纸质档案数字化以及纸质档案数字副本管理功能。

11.6 财产保险公司应为财产保险业务电子档案及其元数据的安全存储，配置与财产保险业务电子档案管理系统相适应的在线存储设备。

11.7 财产保险公司应对财产保险业务电子档案进行备份，保证财产保险业务电子档案的安全、可靠。

11.8 财产保险公司档案部门应每年对财产保险业务电子档案的真实性、完整性、可用性、安全性进行检测，形成检测报告。如出现不可读取风险，应及时进行财产保险业务电子档案迁移。

附　录　A
（资料性）
财产保险业务文件归档范围和业务档案保管期限

表 A.1 给出了财产保险业务文件归档范围和业务档案保管期限。

表 A.1　财产保险业务文件归档范围和业务档案保管期限表

编号	业务文件归档范围	保管期限
1	承保类业务文件	—
1.1	航空保险、航天保险、石油保险、核保险、企业财产保险、家庭财产保险、工程保险、责任保险	—
1.1.1	保单及其附表	航空保险、航天保险、石油保险、核保险、责任保险 30 年；企业财产保险、工程保险 10 年；家庭财产保险中的投资型家庭财产保险和个人贷款房屋保险永久；其他业务（含 1 年期和非 1 年期业务）10 年
1.1.2	批单及批改申请书	
1.1.3	保险凭证	
1.1.4	投保单	
1.1.5	保险费收据	
1.1.6	退费收据及退保申请书	
1.1.7	保险合同或协议	
1.1.8	保费结算通知书	
1.1.9	中途退保的有关单证、附表、合同、协议	
1.1.10	分保单证	
1.1.11	风险情况问询表	
1.1.12	客户身份资料	
1.1.13	其他单证	
1.2	信用保险	—
1.2.1	投保单及其附件	30 年
1.2.2	风险情况问询表	30 年
1.2.3	承保审批报告	30 年
1.2.4	上级公司批示	30 年
1.2.5	保单或保险协议	30 年
1.2.6	批改申请书及批单	30 年
1.2.7	保险费收据（存根联）	30 年
1.2.8	中途退费的有关单证	30 年
1.2.9	退费收据（存根联）	30 年
1.2.10	保险费结算通知书	30 年
1.2.11	信用限额申请单	30 年
1.2.12	信用限额审批单	30 年

表 A.1 财产保险业务文件归档范围和业务档案保管期限表(续)

编号	业务文件归档范围	保管期限
1.2.13	信用交易申报表	30年
1.2.14	分保单证	30年
1.2.15	其他材料	30年
1.3	保证保险	—
1.3.1	投保申请	30年
1.3.2	保单及保单保函或协议	30年
1.3.3	项目可行性报告、情况介绍及其他材料	30年
1.3.4	企业相关材料(企业简介、信用等级证书、企业营业执照、法人或组织机构代码证、法定代表人简历及身份证、企业章程复印件、企业成立或变更时验资报告、上年度经审计的财务报告及前3个月的资产负债表、损益表等)	30年
1.3.5	个人相关材料(身份证、投保人收入、经济状况证明等个人资信材料)	30年
1.3.6	《借款合同》、投保人对借款合同提供抵押或质押的相关证明文件、担保人对借款合同提供担保的相关证明文件(如有)	30年
1.3.7	反担保合同,办理反担保的相关文件、单证、证明(如有)	30年
1.3.8	承保审批报告及授权书	30年
1.3.9	其他材料	30年
1.4	船舶保险、保赔保险	—
1.4.1	投保单及其附件	30年
1.4.2	保单	30年
1.4.3	批改申请书	30年
1.4.4	批单	30年
1.4.5	保费收据	30年
1.4.6	保险协议书	30年
1.4.7	续保通知书	30年
1.4.8	保赔险状况检验报告、批注	30年
1.4.9	承保资料	30年
1.4.10	客户身份资料	30年
1.4.11	其他材料	30年
1.5	货物运输保险	—
1.5.1	投保单及附件	根据运输途径类型和保险期限划定保管期限,其中:保险期限不超过1年的国内公路、铁路、航空货物运输保险5年;保险期限1年及以上的国内公路、铁路、航空货物运输保险10年;其他货物运输保险30年
1.5.2	保险合同或协议	
1.5.3	保单	
1.5.4	批单及批改申请书	
1.5.5	保费结算通知书	
1.5.6	保费收据(存根联)	
1.5.7	退费收据(存根联)	

表 A.1 财产保险业务文件归档范围和业务档案保管期限表(续)

编号	业务文件归档范围	保管期限
1.5.8	中途退保的有关单证、附表、合同、协议	根据运输途径类型和保险期限划定保管期限,其中:保险期限不超过1年的国内公路、铁路、航空货物运输保险5年;保险期限1年及以上的国内公路、铁路、航空货物运输保险10年;其他货物运输保险30年
1.5.9	预约保险起运通知书	
1.5.10	预约保险起运投保清单	
1.5.11	客户身份资料	
1.5.12	其他单证	
1.6	机动车保险	—
1.6.1	保单	10年
1.6.2	保险费发票(业务联)	10年
1.6.3	投保单	10年
1.6.4	投保单附表	10年
1.6.5	客户身份资料、行驶证复印件、发动机或车架号码拓印件、验车照片等(系统中有电子件的可以不出纸质件)	10年
1.6.6	批单	10年
1.6.7	批改申请书	10年
1.7	农业保险	—
1.7.1	保单及附表	30年
1.7.2	批单及批改申请书	30年
1.7.3	保险凭证	30年
1.7.4	投保单	30年
1.7.5	保险费收据	30年
1.7.6	退费收据及退保申请书	30年
1.7.7	保险合同或协议	30年
1.7.8	保费结算通知书	30年
1.7.9	中途退保的有关单证、附表、合同、协议	30年
1.7.10	分保单证	30年
1.7.11	风险情况问询表	30年
1.7.12	客户身份资料	30年
1.7.13	其他单证	30年
2	理赔类业务文件	—
2.1	航空保险、航天保险	—
2.1.1	出险通知书	永久

表 A.1 财产保险业务文件归档范围和业务档案保管期限表（续）

编号	业务文件归档范围	保管期限
2.1.2	损失清单	永久
2.1.3	出险证明材料	永久
2.1.4	保单抄件或复印件	永久
2.1.5	批单抄件或复印件	永久
2.1.6	事故查勘报告	永久
2.1.7	检验结果或技术鉴定报告	永久
2.1.8	赔偿协议	永久
2.1.9	医疗费、修理费、施救费、进口关税等原始单证	永久
2.1.10	结案报告书	永久
2.1.11	赔案审批单	永久
2.1.12	赔款批单	永久
2.1.13	赔款计算书及附表	永久
2.1.14	赔款收据	永久
2.1.15	授权书或权益转让书	永久
2.1.16	撤销授权书的函	永久
2.1.17	损失索赔申请书	永久
2.1.18	损失物资回收处理单	永久
2.1.19	预付赔款申请书	永久
2.1.20	注销、拒赔案件报告书	永久
2.1.21	赔案呈批报告副本及上级批复文件	永久
2.1.22	行政执法部门或法院调解书、法院判决书或仲裁机构裁决书	永久
2.1.23	现场照片	永久
2.1.24	赔款说明或定损理算说明	永久
2.1.25	航空适航证	永久
2.1.26	航空器维修履历	永久
2.1.27	飞行员资格证明	永久
2.1.28	其他材料	永久
2.2	石油保险、核保险、企业财产保险、家庭财产保险、工程保险、责任保险	—
2.2.1	损失清单	石油保险、核保险永久。企业财产保险、家庭财产保险、工程保险根据赔案金额的大小划定保管期限，其中：500（含 500）万元以上 30 年；10（含 10）～500 万元 10 年；10 万元以下 5 年。责任保险根据业务类别和赔案金额划定保管期限，其中：涉车类业务且赔案金额 1 万元以下 10 年，其他业务 30 年
2.2.2	出险证明材料	
2.2.3	查账记录	
2.2.4	事故查勘报告	
2.2.5	检验结果或技术鉴定报告	
2.2.6	估价单、定损协议、修理协议	
2.2.7	医疗费、修理费、施救费、进口关税等原始单证	
2.2.8	赔付协议书	
2.2.9	有关费用单据	

表 A.1 财产保险业务文件归档范围和业务档案保管期限表（续）

编号	业务文件归档范围	保管期限
2.2.10	授权书或权益转让书	石油保险、核保险永久。企业财产保险、家庭财产保险、工程保险根据赔案金额的大小划定保管期限，其中：500(含500)万元以上30年；10(含10)～500万元10年；10万元以下5年。责任保险根据业务类别和赔案金额划定保管期限，其中：涉车类业务且赔案金额1万元以下10年，其他业务30年
2.2.11	撤销授权书的函	
2.2.12	损失索赔申请书	
2.2.13	损失物资回收处理单	
2.2.14	预付赔款申请书	
2.2.15	注销、拒赔案件报告书	
2.2.16	赔案呈批报告副本及上级批复文件	
2.2.17	行政执法部门或法院调解书、法院判决书或仲裁机构裁决书	
2.2.18	现场照片或录影录像资料	
2.2.19	赔案说明或定损理算说明	
2.2.20	关于赔案处理的来往函电	
2.2.21	其他材料	
2.3	信用保险	—
2.3.1	可能损失报告	30年
2.3.2	索赔申请书	30年
2.3.3	损失清单	30年
2.3.4	出险证明	30年
2.3.5	保单(批单)抄件	30年
2.3.6	查勘报告	30年
2.3.7	检验报告或技术鉴定报告	30年
2.3.8	定损协议	30年
2.3.9	赔款计算书	30年
2.3.10	追偿委托书	30年
2.3.11	赔款收据和权益转让书	30年
2.3.12	结案报告	30年
2.3.13	赔款批单	30年
2.3.14	预付赔款申请书	30年
2.3.15	注销、拒赔案件报告书	30年
2.3.16	行政执法部门或法院调解书、法院判决书或仲裁机构裁决书	30年
2.3.17	赔案说明或定损理算说明	30年
2.3.18	其他材料	30年
2.4	保证保险	—
2.4.1	索赔申请书	30年
2.4.2	赔款收据、权益转让书	30年

表 A.1 财产保险业务文件归档范围和业务档案保管期限表（续）

编号	业务文件归档范围	保管期限
2.4.3	检验报告或技术鉴定报告	30 年
2.4.4	赔偿协议	30 年
2.4.5	行政执法部门或法院调解书、法院判决书或仲裁机构裁决书	30 年
2.4.6	赔案说明或定损理算说明	30 年
2.4.7	损失清单或贷款还款明细	30 年
2.4.8	追偿委托书、扣押抵押物授权书、抵押物处置授权书	30 年
2.4.9	抵押物处置收入凭证	30 年
2.4.10	预付赔款申请书	30 年
2.4.11	赔款计算书	30 年
2.4.12	出险证明	30 年
2.4.13	注销、拒赔案件报告书	30 年
2.4.14	追偿报告	30 年
2.4.15	赔款批单	30 年
2.4.16	其他材料	30 年
2.5	船舶保险、保赔保险	—
2.5.1	出险通知书	根据赔案金额的大小划定保管期限，其中：500（含 500）万元以上永久；100（含 100）～500 万元 30 年；100 万元以下 10 年
2.5.2	船舶检验证书	
2.5.3	海事报告	
2.5.4	航海日志	
2.5.5	船舶证书	
2.5.6	轮机日志	
2.5.7	船舶营运许可证	
2.5.8	船员证书	
2.5.9	运输合同或载货记录	
2.5.10	事故调解书或裁决书	
2.5.11	损失清单	
2.5.12	保单正本	
2.5.13	赔款计算书	
2.5.14	权益转让书	
2.5.15	赔款收据	
2.5.16	询问证人笔录	
2.5.17	核批文件	
2.5.18	照片	
2.5.19	其他单证	

表 A.1 财产保险业务文件归档范围和业务档案保管期限表(续)

编号	业务文件归档范围	保管期限
2.6	货物运输保险	—
2.6.1	保单正本(代保单)	根据赔案金额的大小划定保管期限,其中:1 000(含 1 000)万元以上永久;500(含 500)~1 000 万元 30 年;500 万元以下 10 年
2.6.2	批单正本	
2.6.3	统括合同	
2.6.4	起运通知书	
2.6.5	提单	
2.6.6	空运单	
2.6.7	运单	
2.6.8	货单	
2.6.9	租船合同	
2.6.10	运输合同	
2.6.11	发票	
2.6.12	买卖合同	
2.6.13	装箱单	
2.6.14	海关证明	
2.6.15	检验报告	
2.6.16	商检报告	
2.6.17	货损记录	
2.6.18	登轮证明	
2.6.19	化验结果	
2.6.20	水分含量证明	
2.6.21	溢短装证明文件	
2.6.22	照片	
2.6.23	索赔函	
2.6.24	清单	
2.6.25	出险通知书	
2.6.26	报案记录	
2.6.27	权益转让书	
2.6.28	赔款计算书	
2.6.29	赔款收据	
2.6.30	理算材料	
2.6.31	海事报告	
2.6.32	海事声明	
2.6.33	航海日志摘要	

表 A.1　财产保险业务文件归档范围和业务档案保管期限表（续）

编号	业务文件归档范围	保管期限
2.6.34	救助合同	根据赔案金额的大小划定保管期限，其中：1 000（含 1 000）万元以上永久；500（含 500）～1 000 万元 30 年；500 万元以下 10 年
2.6.35	担保函	
2.6.36	涉及追偿、扣船、诉讼、仲裁案的相关法律文件	
2.6.37	用于证明案件处理经过的全部往来函电	
2.6.38	其他与案件有关的证明材料	
2.7	机动车保险	—
2.7.1	索赔申请书	根据赔案金额的大小划定保管期限，其中：1 万（含 1 万）元以上 10 年；1 万元以下 5 年
2.7.2	事故责任认定书、事故调解书、判决书或出险证明文件（小额赔案出险证明等可免）	
2.7.3	事故现场查勘询问笔录及附页	
2.7.4	损失情况确认书（包括零部件更换项目清单及清单附页、修理项目清单及清单附页）	
2.7.5	财产损失确认书	
2.7.6	人员伤亡费用清单	
2.7.7	伤残人员费用管理表	
2.7.8	误工证明及收入情况证明	
2.7.9	赔款票据粘贴用纸（有关原始单据）	
2.7.10	简易案件赔款协议书	
2.7.11	权益转让书	
2.7.12	拒赔通知书	
2.7.13	机动车保险注销通知书	
2.7.14	预付赔款申请书	
2.7.15	损余物资回收处理单	
2.7.16	其他有关证明材料	
2.8	农业保险	—
2.8.1	气象证明、火灾证明、标的死亡证明/其他证明等出险证明材料	根据赔案金额的大小划定保管期限，其中：1 000（含 1 000）万元以上永久；100（含 100）～1 000 万元 30 年；5 000（含 5 000）元～100 万元 10 年；5 000 元以下 5 年
2.8.2	相关技术鉴定材料	
2.8.3	现场抽样记录等原始查勘定损资料	
2.8.4	分户理赔（签字）清单/被保险人认可定损或赔款金额的协议书或确认书	
2.8.5	出险及索赔通知书	
2.8.6	被保险人、领款人身份证明	
2.8.7	银行账户信息	
2.8.8	标的权属证明，包括林权证（森林险），土地承包流转证明材料	
2.8.9	病死畜禽无害化处理证据或证明	

表 A.1 财产保险业务文件归档范围和业务档案保管期限表(续)

编号	业务文件归档范围	保管期限
2.8.10	现场查勘报告/理赔报告	根据赔案金额的大小划定保管期限,其中:1 000(含 1 000)万元以上永久;100(含 100)～1 000 万元 30 年;5 000(含 5 000)元～100 万元 10 年;5 000 元以下5 年
2.8.11	原始理赔费用单据	
2.8.12	权益转让书、预付赔款申请书、行政执法部门或法院调解书、法院判决书或仲裁机构裁决书、拒赔通知书	
2.8.13	查勘照片、无害化处理照片、公示影像资料、赔款计算书、报案登记表等内部业务处理过程中生成的资料	
2.8.14	其他由相关部门或人员签章的原始材料	
3	再保险业务文件	—
3.1	合约分出业务	—
3.1.1	合约文本	30 年
3.1.2	合约业务份额表及确认函	30 年
3.1.3	合约业务续转资料(包括续转数据、face letter 等)	30 年
3.1.4	合约业务续转外部往来(包括邮件、传真、往来文书等)	30 年
3.1.5	合约业务续转内部往来(包括签报、请示、交流材料等)	30 年
3.1.6	合约业务账单、清单、报表及明细表	30 年
3.1.7	合约业务分保资料(包括业务申报材料、保单、条款等)	30 年
3.1.8	合约业务赔案资料(包括出险通知、检验报告、理算报告、赔款计算书等)	30 年
3.1.9	合约业务其他相关资料	30 年
3.2	临分分出业务	—
3.2.1	临分业务分保条及批单(需对方签回文本)	30 年
3.2.2	临分业务双方确认邮件/确认函	30 年
3.2.3	临分业务分保业务材料(包括系统内往来文书及传真、本公司与再保人往来文书及传真等)	30 年
3.2.4	临分赔案材料(包括出险及摊赔通知书、赔款计算书、查勘记录、公估报告、检验报告等)	30 年
3.2.5	临分业务的相关账单	30 年
3.2.6	临分业务其他相关资料	30 年
3.3	分入业务	—
3.3.1	分入业务的合同文本及批单文本	永久
3.3.2	分入业务双方确认邮件/确认函(包括与国内外公司关于分入业务的份额确认函、往来确认邮件等)	永久
3.3.3	分入业务赔案的相关资料(包括赔款计算书、公估报告、查勘记录、检验报告等)	永久
3.3.4	分入业务其他相关资料	永久

表 A.1 财产保险业务文件归档范围和业务档案保管期限表（续）

编号	业务文件归档范围	保管期限
3.4	结算业务	—
3.4.1	重要结付人的结算材料，如结算确认材料、结算清单	永久
3.4.2	结付人账户信息	5年
3.4.3	审计函证	5年

附　录　B
（资料性）
归档章样式、归档文件目录样式、盒内备考表样式、盒脊背样式、档案交接登记表样式

图 B.1～图 B.9 分别给出了归档章样式、承保类业务文件归档文件目录样式、理赔类业务文件归档文件目录样式、再保险业务文件归档文件目录样式、盒内备考表样式、盒脊背样式、承保类业务档案交接登记表样式、理赔类业务档案交接登记表样式、再保险业务档案交接登记表样式。

单位为毫米

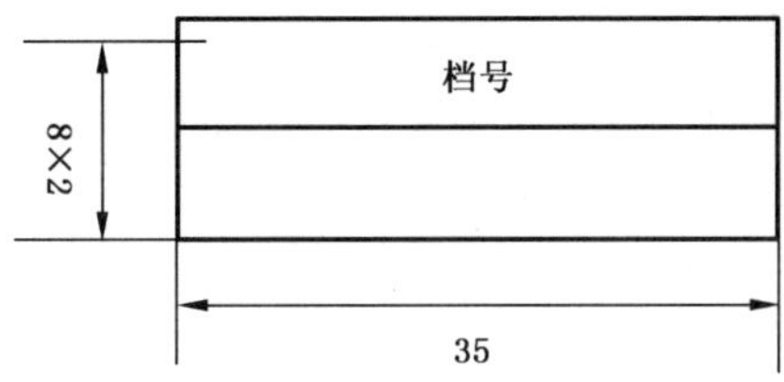

比例为 1∶1

注：以上为参考样式，具体尺寸可根据管理需要调整。

图 B.1　归档章样式

承保类业务文件归档文件目录

序号	档号	保单号	被保险人	单证流水号	页数	责任者	备注

图 B.2　承保类业务文件归档文件目录样式

理赔类业务文件归档文件目录

序号	档号	赔案号	被保险人	保单号	赔款金额	结案时间	页数	责任者	备注

图 B.3　理赔类业务文件归档文件目录样式

再保险业务文件归档文件目录

序号	档号	合约/项目名称或再保险结付人名称	合约编号/分保业务号	合约/项目起期	合约/项目止期	页数	责任者	备注

图 B.4 再保险业务文件归档文件目录样式

备考表

盒内文件情况： 本盒共　件文件，合计　页，每件文件完整齐全。   整理人： 年　月　日 检查人： 年　月　日

图 B.5　盒内备考表样式

全　宗　号
档案门类代码
年　　度
业务类型和险种 （或实际操作类别）
保管期限
起止件号
盒　　号

图 B.6　盒脊背样式

承保类业务档案交接登记表

移交时间：　　　　　　　　　移交部门：

序号	档号	保单号	被保险人	单证流水号	页数	责任者	备注

移交部门负责人签名：　　　　　　　　　接收部门负责人签名：

移交人签名：　　　　　　　　　　　　　接收人签名：

图 B.7　承保类业务档案交接登记表样式

理赔类业务档案交接登记表

移交时间：　　　　　　　　　　移交部门：

序号	档号	赔案号	被保险人	保单号	赔款金额	结案时间	页数	责任者	备注

移交部门负责人签名：　　　　　　　　接收部门负责人签名：

移交人签名：　　　　　　　　　　　　接收人签名：

图 B.8　理赔类业务档案交接登记表样式

再保险业务档案交接登记表

移交时间：　　　　　　　　　　移交部门：

序号	档号	合约/项目名称或再保险结付人名称	合约编号/分保业务号	合约/项目起期	合约/项目止期	页数	责任者	备注

移交部门负责人签名：　　　　　　　　接收部门负责人签名：

移交人签名：　　　　　　　　　　　　接收人签名：

图 B.9　再保险业务档案交接登记表样式

参 考 文 献

［1］ 企业文件材料归档范围和档案保管期限规定（国家档案局令第 10 号）

［2］ 金融企业业务档案管理规定（档发〔2015〕3 号）

［3］ 企业电子文件归档和电子档案管理指南（档办发〔2015〕4 号）

［4］ 电子档案管理系统基本功能规定（档办发〔2017〕3 号）

［5］ 中华人民共和国保险法

ICS 01.140.20
CCS A 14

中华人民共和国档案行业标准

DA/T 87—2021

档案馆空调系统设计规范

Design specifications for air conditioning systems in archives

2021-05-26 发布　　2021-10-01 实施

国家档案局　发布

前　　言

本文件按照 GB/T 1.1—2020《标准化工作导则　第 1 部分：标准化文件的结构和起草规则》的规定起草。

请注意本文件的某些内容可能涉及专利。本文件的发布机构不承担识别专利的责任。

本文件由国家档案局提出并归口。

本文件起草单位：中央档案馆技术部、中国建筑设计研究院有限公司。

本文件主要起草人：黄丽华、陈德龙、刘玉春、刘伟、张清华。

引　　言

为满足我国档案馆空调系统新建和改造需要，使档案馆空调系统设计参数选择合理、系统功能完善、设备选型恰当，特制定本文件。

本文件是对 JGJ 25—2010 中采暖通风和空气调节部分的细化。

档案馆空调系统设计规范

1 范围

本文件确立了档案馆空调系统设计的总体原则，规定了档案馆空调系统的技术参数、空调区域划分、系统设计、设备选型、机房设备布置等要求。

本文件适用于各级各类档案馆空调系统的设计与建设。

2 规范性引用文件

下列文件中的内容通过文中的规范性引用而构成本文件必不可少的条款。其中，注日期的引用文件，仅该日期对应的版本适用于本文件；不注日期的引用文件，其最新版本（包括所有的修改单）适用于本文件。

GB/T 8175—2008 设备及管道绝热设计导则

GB/T 18883—2002 室内空气质量标准

GB/T 27703—2011 信息与文献 图书馆和档案馆的文献保存要求

GB 50016—2014 建筑设计防火规范

GB 50174—2017 数据中心设计规范

GB 50189—2015 公共建筑节能设计标准

GB 50243—2016 通风与空调工程施工质量验收规范

DA/T 81—2019 档案库房空气质量检测技术规范

JGJ 25—2010 档案馆建筑设计规范

JGJ 66—2015 博物馆建筑设计规范

建标 103—2008 档案馆建设标准

3 术语和定义

下列术语和定义适用于本文件。

3.1

湿球温度 wet-bulb temperature

暴露于空气中但又不受太阳直接辐射的湿球温度表上所指示的数值。

[来源：GB/T 50155—2015，2.1.4]

3.2

相对湿度 relative humidity

空气实际的水蒸气分压力与同温度下饱和状态空气的水蒸气分压力之比，用百分率表示。

[来源：GB/T 50155—2015，2.1.9]

3.3

封闭外廊 closed corridor

为减少外界气候对档案库的直接影响，在档案库外建的、用墙和窗与外界隔开的走廊（一面或多面以及绕一圈的环廊)。

[来源:JGJ 25—2010,2.0.9]

3.4

夹层　interlayer

为减少太阳得热与室外大气温、湿度波动对档案库区内的影响,在建筑外围护结构(建筑外墙、建筑屋面、与土壤直接接触的地下室底板)与档案库区围护结构之间设置的空气隔离层区域。

3.5

隔热架空层　insulated shelf

为隔离屋顶对档案库区的温湿度影响,在建筑屋顶与顶层档案库区顶板间设置的区域。

3.6

变风量空调系统　variable air volume air conditioning system;VAV

靠改变送风量或同时改变送风参数控制室内空气参数的空调系统。

3.7

四管制水系统　four-pipe water system

冷水和热水的供回水管路全部分设的水系统。

[来源:GB/T 50155—2015,5.3.21]

3.8

耗电输冷(热)比　electricity consumption to transferred cooling (heat) quantity ratio;E(C)HR

设计工况下,空调冷热水系统循环水泵总功率(kW)与设计冷(热)负荷(kW)的比值。

[来源:GB/T 50376—2012,2.0.24]

3.9

能效比　energy efficiency ratio;EER

在规定的试验条件下,制冷设备的制冷量与其消耗功率之比。

[来源:GB/T 50155—2015,7.1.12]

3.10

冗余量　redundancy

空调系统实际机组选型的冷(热)量值与空调系统计算负荷之比大于1的安全系数。

4　总则

4.1　统一规划

档案馆空调系统新建和改扩建时,设计应统筹考虑档案馆所在地理位置、建筑外围护结构,特别是档案库房区域外围护结构保温、隔湿和防火性能,以及设备使用环境、内部空间等因素,统一规划各个功能分区的空调系统,确保满足使用需求。

4.2　分区控制

档案馆空调系统设计应进行合理分区,对档案库房、对外服务用房、档案业务和技术用房、办公用房、附属用房实行分区控制。

4.3　方法科学

档案馆空调系统设计应采用科学合理的设计方法,合理选取计算参数、完善系统配置,满足使用需求,确保各空调区域空气质量符合GB/T 27703—2011的规定。

4.4 流程规范

档案馆空调系统设计应按功能要求合理划分空调分区，选取室内外温湿度、新风量、换气次数等参数，根据空气处理过程进行热湿负荷计算，进行冷热源设计、空调设备选型和配套设施设备设计。

5 技术参数

5.1 温度和湿度要求

5.1.1 档案馆各区域温度和湿度(本文件所指湿度为相对湿度，下同)设计应符合 JGJ 25—2010 的规定。

5.1.2 档案库房温度和湿度应符合表 1 的要求。

档案库房应维持温度和湿度相对稳定，温度日较差≤±2 ℃，湿度日较差≤±5%。温度和湿度取值应充分考虑设备的测量和控制精度，避开表 1 上下限附近，取值不应同时为双上限值或双下限值。

表 1 档案库房温度和湿度要求

库房类型		温度/℃	湿度/%
纸质档案库		14～24	45～60
音像档案库		14～24	40～60
光盘库		15～20	25～45
胶片库	拷贝片库	14～24	40～60
	母片库	13～15	35～45
特藏库		14～20	45～55
实物档案库		按照 JGJ 66—2015	

5.1.3 对外服务用房温度和湿度应符合表 2 的要求。

表 2 对外服务用房温度和湿度要求

房间类型	温度/℃	湿度/%
服务大厅	18～28	30～65
接待室、查阅登记室	18～28	30～65
目录室、报告厅	18～28	30～65
展览厅	18～28	45～60
阅览室	18～28	30～65
音像档案阅览室	20～25	50～60
现行文件保管室	14～24	45～60

5.1.4 档案业务和技术用房温度与湿度应符合表 3 的要求。

表3　档案业务和技术用房温度与湿度要求

房间类型		温度/℃	湿度/%
接收档案用房	接收室、除尘室、消毒室	18～28	40～60
整理编目用房	整理室、编目室、修史编志室、展览加工制作室、出版发行室	18～28	40～60
保护技术用房	去酸室	18～28	—
	理化试验室、档案有害生物防治室	18～28	40～60
	档案保护静电复印室	18～28	50～65
	裱糊修复室、装订室	18～28	50～70
	仿真复制室、音像档案处理室	18～28	40～60
翻拍洗印用房	翻拍室、冲洗室、影像放大室、水洗烘干室、翻版胶印室	18～28	40～60
缩微技术用房	资料编排室、校对编目室	18～28	40～60
	缩微摄影室	18～28	40～60
	冲洗处理室、配药和化验室、质量检测室、放大还原室	18～28	40～60
	拷贝复印室	18～28	50～65
数字化用房	档案前期处理室、纸质档案扫描室、数字化质量检测室、档案中转室	18～28	40～60

5.1.5　办公用房温度和湿度应符合表4的要求。

表4　办公用房温度和湿度要求

季节	温度/℃	湿度/%
冬季	20～22	≥30
夏季	24～26	40～60

5.1.6　档案馆内的信息化机房温度、湿度参数及其他设计要求应符合GB 50174—2017的规定。

5.2　新风量要求

5.2.1　档案库房新风量应满足库房区域空气品质和压差的要求，库房应保持正压，最小静压差应≥5 Pa。

5.2.2　档案馆对外服务和业务技术用房的设计新风量应符合表5的规定。

表5　档案馆对外服务和业务技术用房的设计新风量

用房名称	新风量/[m^3/(h·人)]	用房名称	新风量[m^3/(h·人)]
服务大厅	10	展览厅、阅览室	20
报告厅、会议室	15～20	办公室	30

5.2.3　档案馆内各种用房的通风换气次数设计参数应符合表6的规定。

表6　档案馆内各种用房的通风换气次数设计参数

用房名称	通风换气次数(次/h)	用房名称	通风换气次数(次/h)
档案库房	1～3	展览厅	1～2
阅览室	2	报告厅	2
裱糊室	2	消毒室	10
理化试验室	6～8	去酸室	20
有害生物防治室	10	冲洗室	10
缩微复制用房	1～2	除尘室	10
复印室	10	卫生间	10

5.3　档案馆空气质量要求

5.3.1　档案库房空气质量应符合GB/T 27703—2011和DA/T 81—2019的要求。

5.3.2　档案馆其他区域空气质量应符合GB/T 18883—2002的有关规定。

5.4　风管与保温要求

5.4.1　通风与空调系统的风管应符合GB 50243—2016的有关规定。

5.4.2　通风与空调系统的风管材料、配件及柔性接头等应符合GB 50016—2014的有关规定。

5.4.3　设备和管道的保温层厚度应符合GB/T 8175—2008的有关规定。

6　空调区域设置

6.1　一般原则

档案馆空调设置应考虑不同区域的功能需求、围护结构状况(是否有封闭外廊)以及防火分区等因素,合理设置空调。档案馆各区空调设置宜与防火分区保持一致。

6.2　库房空调区域设置

6.2.1　应按档案级别、载体类型、温湿度及洁净度要求进行空调区域设置,纸质档案库、音像库、胶片库、特藏库、实物库和有展览性质且频繁使用的库区宜分别划分空调区域。

6.2.2　首层及地下库区均宜独立设置空调区域,不宜将首层及地下库区合并到标准层空调库区区域。

6.2.3　顶层档案库房设置了隔热架空层的库房区域可与其他中间层库房区域合并为一个空调系统,未设置隔热架空层的顶层库房区域应独立设置空调系统。

7　风系统设计

7.1　送回风系统设计

7.1.1　放置档案原件的库房、消毒间、技术用房等区域空调系统应采用全空气系统。

7.1.2　各空调区域中温湿度要求一致且现场条件允许的可合并为同一个风系统。

7.1.3　档案库房、对外服务用房、办公用房应保持正压,档案修复中可能产生有害气体的档案业务和技术用房应保持负压。

7.2 新排风系统设计

7.2.1 新风系统宜设置集中处理的变风量系统且与空调系统联动，寒冷地区和严寒地区应采取预热及旁通等防冻措施。

7.2.2 设有排风的空调系统宜设置能量回收装置。

7.2.3 排风设备应与新风系统联动，确保空调区域压力符合要求。

7.3 末端设计

7.3.1 库房区域空调不宜采用水系统方式及可能产生冷凝水的其他系统方式（如风机盘管系统和多联机系统）。

7.3.2 库房区域送回风风口应合理布置，避免气流短路。

8 水系统设计

8.1 空调水系统设计

8.1.1 空调系统需再热源的宜设置四管制水系统，热回收系统或废热可作为制冷除湿再热热源。

8.1.2 空调水系统设置应满足 GB 50189—2015 中对耗电输冷（热）比的要求，且应确保水力平衡。

8.2 加湿系统设计

8.2.1 每台空调机组宜单独设置等温加湿系统，不宜采用等焓加湿方式。

8.2.2 档案馆可根据规模和经济条件配备相应的空调加湿用水处理设备。

9 空气净化系统设计

9.1 档案库区空气质量与经空调机组处理后送入档案库区的空气质量均应满足 GB/T 27703—2011 中对空气质量的规定。

9.2 新风系统和空调系统应设置气体过滤设施。

9.3 需要进行消毒的区域，空调和通风系统应独立设置。

9.4 生物防治室（熏蒸室）应设独立机械通风系统，且排风管道不应穿越其他用房，排风系统应安装滤毒装置，风机控制开关应设置在室外。

10 冷热源及除湿设计

10.1 冷热源设计

10.1.1 冷热源系统设计时，宜结合当地气候及资源条件进行技术经济性分析，选用适合当地气候条件且能效比高的冷热源系统，并合理利用可再生能源。

10.1.2 档案馆库房区域空调和其他区域空调的冷热源宜单独设置，冷媒参数需求相同时可以合并，合并后应满足档案库区每天 24 h 全年运行的需求和冗余需要。

10.1.3 当地有峰谷电价政策，且经测算投资回报年限符合预期的，宜采用蓄能系统。

10.2 除湿设计

10.2.1 地上档案库房除湿应采用冷冻除湿的方式；地下库房或者洞库可采用升温除湿的方式；不应采

用化学试剂(含腐蚀性物质)吸湿。

10.2.2 建筑面积指标按建标 103—2008 的规定,在县级三类及以下的档案馆或空调区域分散时可采用除湿加湿一体机进行分散除湿和加湿。

11 控制系统设计

11.1 一般原则

档案馆空调系统应设置自动化控制系统,配备采用标准通信协议的传感器、控制器、执行器以及人机界面软硬件。

11.2 监测功能设计

11.2.1 档案馆空调自动化控制系统应能够实时采集和记录所有设备运行状态和工艺参数,数据记录保存周期≥3 年。

11.2.2 每个独立的档案库区、展存一体区及恒温恒湿展柜应设置一个或以上可实时采集温湿度数据的弱电设备,数据保存期限≥3 年,数据保存频率≤1 次/h。

11.2.3 有可能产生有毒有害气体的库房区域和消毒间等位置,应设置有害气体报警传感器,空调控制系统可以根据有害气体浓度实时调整新风机组新风量。

11.2.4 档案库房、空调机房、数据机房存在消防水管等有漏水可能的地面应设置漏水报警装置。

11.3 控制功能设计

11.3.1 空调控制系统应能保证空调系统所有设备全自动运行,并实现设备集中统一监控。

11.3.2 每个空调区域的空调系统应能独立控制和运行,热湿负荷变化时能够实时调整运行工况,满足工艺和节能需要。

11.3.3 各个空调系统可根据 CO_2、TVOC 等传感器数值实时调整新风量。

11.3.4 空调系统的送风机、回风机、排风机、新风机、水泵、冷却塔等风机水泵类设备应配备变频控制装置,可根据空调负荷变化进行变频控制。

11.3.5 人机软件界面应友好直观,具备便捷的人机交互功能,客户端可以根据授权进行状态监视或设备操作。

12 设备选型

12.1 一般原则

12.1.1 档案馆空调应采用环保的材料和设备,不应采用任何具有腐蚀性、毒性、强电磁干扰的空调系统及相关设备。

12.1.2 档案馆库房空调系统宜选用运行安全、稳定可靠、控制精度高、过滤效果好、能效比高的恒温恒湿空调系统。

12.2 档案库区机房设备选型

12.2.1 档案馆库区空调系统冷热源设备选型时应留有 20%~50%的冗余量,也可直接备份冷热源。

12.2.2 档案库房空调机组及新风机组,宜设置备用机组。为特藏库、胶片库、音像磁带库服务的空调机组不宜设置单台,备用机组的负荷应满足总负荷的 80%~100%。

12.3 制冷、空调、锅炉及其输送设备选型

12.3.1 采用水冷式冷水机组作为档案库空调系统冷源的，其配用冷却塔选型时应按照设备所在地夏季极热天气湿球温度进行选型校核。

12.3.2 采用风冷式冷热水机组(含直膨机组)作为档案库空调系统冷热源的，设备选型时室外运行参数应按照当地冬季(极寒)、夏季(极热)室外温度进行设备选型校核。

12.3.3 所有制冷、空调、锅炉或其他供热机组及其输送设备能效(包括风、水输送)均应符合GB 50189—2015的规定。

13 机房设备布置

13.1 一般原则

13.1.1 档案库供热、通风、空调等设备应设置在独立机房内，不宜和档案库房设置在同一防火分区内。

13.1.2 档案馆制冷机房宜设置在底层，通风、空调等机房可设置在库房毗邻区域、设备夹层或顶层。

13.2 机房、管井面积要求

13.2.1 档案馆空调机房面积包括空调用冷冻机房、空气处理机组机房、新风机房、供热用锅炉房、热交换站机房等，面积一般为空调区域面积的5%～10%；等级高的档案馆备用机组较多，机房面积可适当增加。

13.2.2 管井面积包括冷热水管道井、直接蒸发机组的冷媒管道井、空调送回风管道井、排烟及排卤代烷气体灭火管道井等。

13.2.3 空调用冷却塔及直接蒸发机组的室外机需要占用室外(含屋顶)面积。

13.3 机房高度要求

空调机房内冷冻机组、通风管道、供回水管道、冷却水管道、气体灭火管道、电缆桥架之间应保留安全距离并保证维修空间，一般高度为梁下3.5 m～5.0 m。

13.4 机房控制室要求

档案馆空调系统控制室宜独立设置，也可和消防控制室或总控制室合并设置。

13.5 其他要求

通风空调系统所有与室外相通的进风口、排风口应设置可关闭电动密闭风阀及耐腐蚀的金属网。

ICS 01.140.20
CCS A 14

中华人民共和国档案行业标准

DA/T 88—2021

产品数据管理(PDM)系统电子文件归档与电子档案管理规范

Specification for product data management(PDM)system electronic documents archiving and electronic records management

2021-05-26 发布 2021-10-01 实施

国家档案局 发布

前　　言

本文件按照GB/T 1.1—2020《标准化工作导则　第1部分:标准化文件的结构和起草规则》的规定起草。

请注意本文件的某些内容可能涉及专利。本文件的发布机构不承担识别专利的责任。

本文件由国家档案局提出并归口。

本文件起草单位:中国商用飞机有限责任公司、国家档案局经济科技档案业务指导司。

本文件主要起草人:刘文恭、蔡盈芳、王木亮、殷瑛、蒋君仁、许成伟、朱志赟、陈丽娟、孙晓清、李璐。

产品数据管理(PDM)系统电子文件归档与电子档案管理规范

1 范围

本文件描述了企业产品数据管理(PDM)系统形成的电子文件归档和归档后电子档案管理的方法。

本文件适用于企业产品数据管理(PDM)系统形成的电子文件和归档后电子档案管理工作。

2 规范性引用文件

下列文件中的内容通过文中的规范性引用而构成本文件必不可少的条款。其中,注日期的引用文件,仅该日期对应的版本适用于本文件;不注日期的引用文件,其最新版本(包括所有的修改单)适用于本文件。

GB/T 11822 科学技术档案案卷构成的一般要求

GB/T 18894—2016 电子文件归档与电子档案管理规范

DA/T 15 磁性载体档案管理与保护规范

DA/T 38 电子文件归档光盘技术要求和应用规范

DA/T 46—2009 文书类电子文件元数据方案

DA/T 48—2009 基于 XML 的电子文件封装规范

DA/T 70—2018 文书类电子档案检测一般要求

DA/T 74 电子档案存储用可录类蓝光光盘(BD-R)技术要求和应用规范

DA/T 75 档案数据硬磁盘离线存储管理规范

3 术语和定义

GB/T 18894—2016、DA/T 70—2018 界定的以及下列术语和定义适用于本文件。

3.1

产品数据管理系统 product data management system

管理产品生产全过程以及生产过程中产生的与产品有关的信息(包括文档、CAD 文件、装配关系、物料清单、配置、权限信息等)的系统。

注:简称 PDM 系统。

3.2

电子文件 electronic document

国家机构、社会组织或个人在履行其法定职责或处理事务过程中,通过计算机等电子设备形成、办理、传输和存储的数字格式的各种信息记录。电子文件由内容、结构、背景组成。

[来源:GB/T 18894—2016,3.1]

3.3

电子档案 electronic record

具有凭证、参考和保存价值并归档保存的电子文件。

［来源：GB/T 18894—2016，3.2］

3.4

电子档案管理　electronic records management

对电子档案进行接收、整理、保管、利用、统计、鉴定和处置的活动。

3.5

电子档案管理系统　electronic records management system；ERMS

对电子档案进行接收、整理、保管、统计、利用和处置的计算机信息系统。

［来源：GB/T 18894—2016，3.10，有修改］

3.6

电子文件归档　electronic document archiving

办理完毕或已正式发布的具有凭证、参考和保存价值的电子文件提交电子档案管理系统保存的过程。

3.7

真实性　authenticity

电子文件、电子档案的内容、逻辑结构和背景与形成时的原始状况相一致的性质。

［来源：GB/T 18894—2016，3.5］

3.8

完整性　integrity

电子文件、电子档案的内容、结构和背景信息齐全且没有破坏、变异或丢失的性质。

［来源：GB/T 18894—2016，3.7］

3.9

可用性　usability

电子文件、电子档案可以被检索、呈现和理解的性质。

［来源：GB/T 18894—2016，3.8］

3.10

安全性　security

电子文件、电子档案的管理过程可控、数据存储可靠，未被破坏、未被非法访问的性质。

［来源：DA/T 70—2018，3.7］

3.11

四性　four properties

电子文件、电子档案的真实性、完整性、可用性、安全性。

3.12

信息包　information package

包含电子文件、电子档案组件（文档）和对应元数据，按照一定的结构组织，可用于不同环节之间信息传递的信息集合对象。

［来源：DA/T 70—2018，3.10］

3.13

归档信息包　archiving submission information package；ASIP

电子文件归档时立档单位内部业务部门向档案部门提交的信息包。

［来源：DA/T 70—2018，3.11］

3.14

保存信息包　archival information package；AIP

按照长期保存要求形成的电子档案信息包。

［来源：DA/T 70—2018，3.13］

3.15

系统显示名　system display title

在电子档案管理系统中存储的，档案人员和用户直接可见的件内组件（文档）题名。

注：文档是指归档文件最小的文件单元，可以是一个独立的自然件，也可以是组合文件中的某一自然件或自然件的附件。

3.16

计算机文件名　computer file title

在电子档案管理系统存储器中唯一标识电子档案组件（文档）的一个字符串。

4　总则

4.1　总体要求

4.1.1　PDM 系统中形成的电子文件是企业的核心信息资产，PDM 系统电子文件归档与电子档案管理工作应纳入单位电子文件归档和电子档案管理整体工作中，统筹规划，有序推动。

4.1.2　应按照全程管理、前端控制、集中统一原则对 PDM 系统电子文件实施全生命周期管理，确保电子档案的“四性”。

4.1.3　应执行规范的工作程序，采取必要的技术手段，对 PDM 系统电子文件归档和电子档案管理全过程实行监控。

4.1.4　应对 PDM 系统中电子文件的情况进行综合调查，制定归档方案、保管期限表、元数据方案、访问控制规则/利用规则等规范，据此开展 PDM 系统电子文件归档与电子档案管理工作。

4.1.5　档案部门、信息技术部门、业务部门等所有涉及 PDM 系统电子文件归档与电子档案管理工作的部门和人员应明确分工，相互协作，通过规范的电子档案管理，服务于产品管理、风险控制、资产保护等目标。

4.1.6　应配备必要的信息化基础设施和信息安全设施，保障电子档案管理系统的正常运行和信息安全。

4.2　职责

4.2.1　PDM 系统主管部门

PDM 系统主管部门职责如下：

a）根据产品数据管理规范和档案业务需求，组织信息技术部门、档案部门和相关业务部门开展 PDM 系统归档功能建设；

b）为 PDM 系统归档功能的建设提供支持。

4.2.2　档案部门

档案部门职责如下：

a）将 PDM 系统形成的电子文件纳入管控范围，提出归档范围、归档方式、归档格式、归档时间和“四性”检测等业务需求；

b）参与 PDM 系统与电子档案管理系统接口实施工作，负责归档接口功能测试，验证是否满足设计要求；

c）定期对上线后的集成归档接口运行情况进行监测，确保功能运行正常；

d）负责电子文件的接收，以及电子档案的整理、保管、统计、利用；

e) 负责组织保管期满电子档案的鉴定、处置工作。

4.2.3 信息技术部门

信息技术部门职责如下：

a) 根据PDM系统电子文件归档需求，开展PDM系统与电子档案管理系统归档接口开发、测试和运行维护工作；

b) 及时响应PDM系统主管部门和档案部门提出的PDM系统电子文件归档需求和问题反馈，并妥善处理；

c) 参与保管期满电子档案销毁工作，对销毁是否彻底进行确认。

4.2.4 业务部门

业务部门职责如下：

a) 负责对待归档电子文件质量进行审核；

b) 负责根据PDM系统操作手册和本单位电子文件管理规定开展电子文件提交归档；

c) 参与保管期满电子档案鉴定工作。

4.3 工作流程

PDM系统电子文件归档与归档后电子档案管理流程包括电子文件及其元数据捕获、归档、“四性”检测、接收、整理、保管、统计、利用、鉴定、处置等环节，见图1。

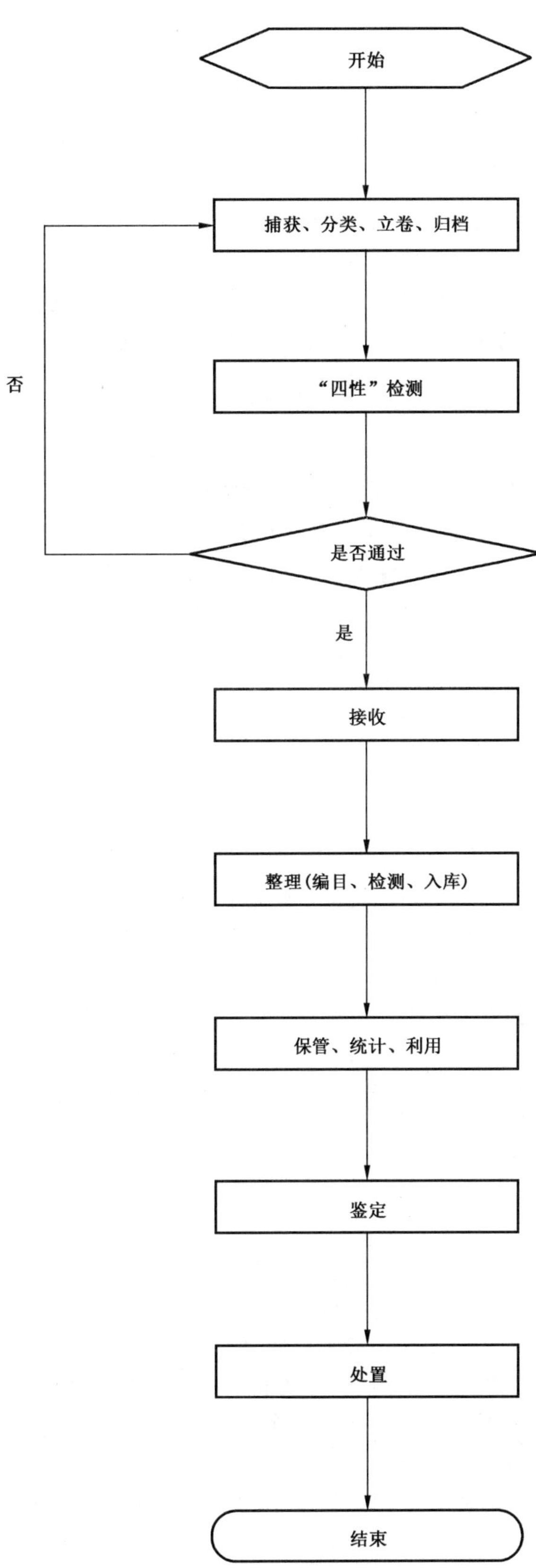

图1 PDM系统电子文件归档与归档后电子档案管理流程图

4.4 元数据要求

元数据要求如下：

a) 元数据应能为PDM系统和电子档案管理系统所处理，实现元数据的传输、解析、交换、利用等；

b) 元数据的捕获方式和捕获节点应在PDM系统和电子档案管理系统设计与开发过程中进行规划，实现元数据与电子文件同时捕获；

c) 元数据的捕获方式包括直接提取、计算写入、手工录入、默认赋值等；

d) 元数据的捕获节点包括但不限于电子文件管理全程中的捕获、归档、检测、接收、整理、保管、利用、迁移、转换、鉴定、处置等各个节点；

e) PDM系统电子文件归档时，应同时归档对应元数据，确保元数据与所描述的电子文件的有效关联；

f) 按照DA/T 46—2009、DA/T 48—2009，将PDM系统电子文件归档和电子档案管理元数据设置为文件实体、机构人员实体、业务实体、文件关系实体；

g) 本文件对元数据属性的描述方法与DA/T 46—2009规定的描述方法一致。凡DA/T 46—2009、DA/T 48—2009中已描述的元数据，以DA/T 46—2009、DA/T 48—2009为准。DA/T 46—2009、DA/T 48—2009未描述的元数据，本文件在附录A表A.1～表A.2的备注中进行了描述。

5 PDM系统电子文件归档

5.1 归档范围与保管期限

5.1.1 PDM系统电子文件归档范围以设计类电子文件为主，与设计相关联的项目管理类电子文件、试验类电子文件、制造类电子文件、客服类电子文件、市场与销售类电子文件、供应商类电子文件应同时归档。

5.1.2 保管期限一般分为永久、30年、10年（保管期限一般自归档时间起算），具体参见附录B表B.1～表B.7。

5.1.3 档案部门、业务部门、PDM系统主管部门应共同确定本单位PDM系统电子文件归档范围和保管期限表。

5.2 电子文件组件

5.2.1 件的构成

5.2.1.1 归档电子文件一般以每份文件为一件。

5.2.1.2 正文、附件为一件；来文与复文一般独立成件。

5.2.1.3 同一文件编号的同一版本二维图、三维图和审签文档为一件。

5.2.1.4 同一文件编号的同一版本原始格式和转换格式为一件。

5.2.1.5 同一文件编号的不同版本独立成件。

5.2.1.6 同一文件编号的同一版本的不同语种版本一般独立成件。

5.2.1.7 同一文件编号的更改文件一般独立成件。

5.2.1.8 同一文件编号的不同版本的软件源码和执行码一般独立成件。

5.2.2 件内电子文件排序

5.2.2.1 件内文件排序时正文在前，附件在后。

5.2.2.2 同一文件编号的二维图、三维图和审签文档按照审签文档、三维图、二维图排序。

5.2.2.3 同一文件编号的原始格式和转换格式按照原始格式、转换格式排序。

5.2.3 系统显示名

5.2.3.1 系统显示名一般应与PDM系统命名保持一致。

5.2.3.2 PDM系统命名不规范的，可在归档时由电子档案管理系统采用“文件编号＋正题名”的格式重新命名。

5.2.4 计算机文件名

5.2.4.1 电子档案管理系统内电子档案计算机文件名应具有唯一性。

5.2.4.2 计算机文件名一般采用“唯一性代码＋系统显示名”格式命名。

5.2.4.3 唯一性代码可采用“哈希值＋日期时间”或“随机码＋日期时间”格式。“随机码”由计算机自动随机生成，一般为32位。

5.3 归档要求

5.3.1 归档方式

5.3.1.1 在软硬件条件具备的前提下，PDM系统电子文件归档应选择在线归档方式，通过PDM系统和电子档案管理系统归档接口实现，否则可以采用线下归档方式。

5.3.1.2 归档接口通常包括但不限于以下两种：Web Service归档接口和中间库归档接口。

5.3.1.3 Web Service归档接口原理示意图见图2。

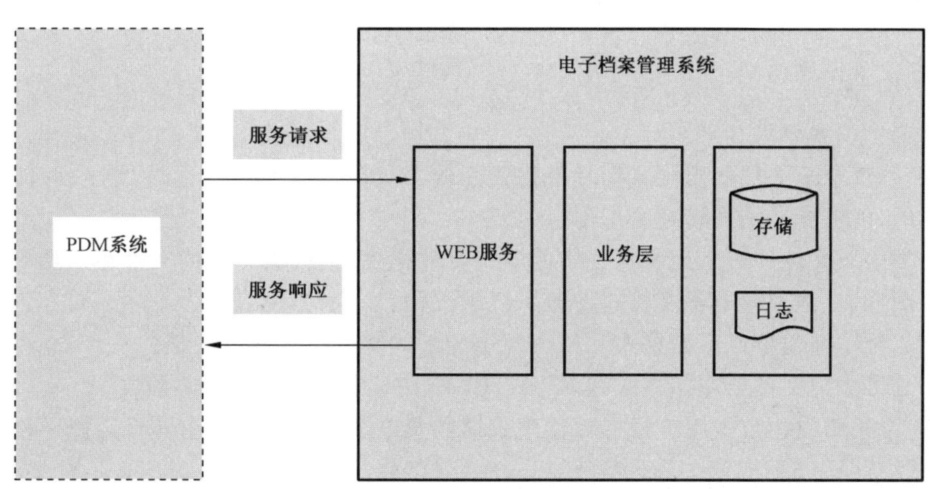

图2 Web Service归档接口原理示意图

5.3.1.4 中间库归档接口原理示意图见图3。

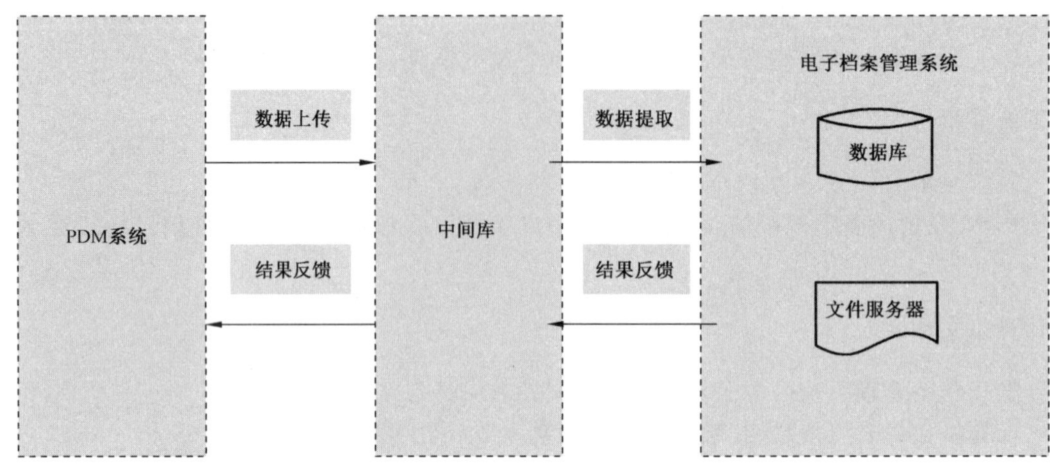

图3 中间库归档接口原理示意图

5.3.2 归档时间

5.3.2.1 PDM 系统电子文件归档可选择实时归档和定期归档。

5.3.2.2 实时归档是指在电子文件发布的同时即启动归档程序，实现 PDM 系统向电子档案管理系统即时归档。

5.3.2.3 定期归档是指根据本单位具体情况选择定期(每周、每月、每年等)、产品定型或重大节点完成后1年内归档。

5.3.3 归档格式

5.3.3.1 电子文件归档格式

电子文件归档格式要求如下：

a) PDM 系统电子文件归档格式应具备格式开放、不绑定软硬件、显示一致性、可转换、易于利用等性能，能够支持格式转换。
b) 文本类电子文件一般采用符合规定的版式文件格式，根据需要可同时保存原始格式。
c) 二维图样、三维数模电子文件应按以下要求归档：
——二维图样文件以原始格式和符合规定的版式文件格式同时归档；
——三维数模文件以原始格式和 STEP、PDF/E 等中性格式同时归档。
d) PDM 系统结构化数据库应根据数据库表结构及电子档案管理要求转换为以下格式归档：
——以 XML、ET、XLS、DBF 等任意一种格式归档；
——参照纸质表单或电子表单版面格式，将应归档数据库数据转换为版式文件归档。
e) 如果采用原始格式和中性格式同时归档保存，电子档案管理系统应对二者建立关联。

5.3.3.2 元数据归档格式

PDM 系统形成的各类电子文件元数据应根据归档接口确定归档格式。按照 GB/T 18894—2016 中 8.4 和 DA/T 48—2009 的要求，结合本单位接口开发技术路线，元数据可采用 XML、ET、DBF 等格式。

5.3.3.3 电子文件格式转换

电子文件格式转换要求如下：

a) 电子文件格式转换时间的优先级分别为文件发布时、归档前、归档过程中；

b) 电子文件格式转换工具优先选择电子文件编制软件自带转换功能，并以此为基础开发批量转换工具。批量转换工具的可靠性应经过评审，确认满足本单位生产运营场景需求。

5.3.4 捕获

5.3.4.1 归档电子文件应正式发布，相关元数据信息得到准确、完整捕获。

5.3.4.2 归档前应由业务部门人员对归档电子文件质量进行检查，确认是否满足归档要求。

5.3.4.3 归档电子文件的格式不符合归档要求，可在生成信息包前进行转换，确保转换前后内容一致。

5.3.4.4 归档信息包以件为单位生成，包内包含归档电子文件全文和元数据文件，参见附录C。

5.3.4.5 电子文件归档后PDM系统电子文件如发生更改或作废，应将新版文件或作废说明文件另行捕获归档，并将相关关联关系以元数据形式同步归档，确保归档电子文件状态与PDM系统一致。

5.3.5 分类

档案部门应制定分类方案对PDM系统电子档案进行分类(参见附录D)。

5.3.6 立卷

5.3.6.1 立卷规则

档案部门应参照如下规则，结合本单位实际制定电子档案立卷规则：

a) 项目管理类电子文件按照“项目-类别-年度”立卷；

b) 设计技术报告类电子文件按照“项目-类别-专业”立卷；

c) 设计图样类电子文件按照“项目-类别-产品结构”立卷；

d) 试验类电子文件按照“项目-类别-专业”立卷；

e) 制造类电子文件按照“项目-类别-年度”立卷；

f) 客户服务类电子文件按照“项目-类别-年度”立卷；

g) 市场与销售类电子文件按照“项目-类别-年度”立卷；

h) 供应商类电子文件按照“项目-类别-供应商-年度”立卷。

5.3.6.2 排序规则

档案部门应参照如下规则，结合本单位实际制定卷内电子档案排序规则：

a) 卷内文件一般按事由结合时间排列；

b) 如同一卷内有若干事由，按事由结束时间先后排列；

c) 同一事由的电子档案应集中排列；

d) 同一事由内的电子档案按形成时间先后顺序排列；

e) 技术报告、图样文件等有严格编号结构的电子档案按编号(文件编号、图号等)顺序排列。

5.3.7 档号

档案部门应遵守GB/T 11822的规定，一般按照“全宗号＋分类号＋案卷顺序号＋卷内序号”结构制定编号规则。

5.3.8 归档

电子文件捕获完整后，由业务部门人员按照内置分类方案、组卷和排序规则，补充分类号和档号，立卷之后提交归档。

5.3.9 检测接收

5.3.9.1 电子档案管理系统应对电子文件“四性”进行检测，检测方案参见附录E。

5.3.9.2 对于检测合格的电子文件，电子档案管理系统应能够正确解析归档信息包，将元数据、电子文件实体、各类关联关系按照约定规则写入。

5.3.9.3 对于检测不合格的电子文件，电子档案管理系统应向PDM系统发送拒收原因报告。

5.3.9.4 检测报告一般在电子档案管理系统结构化存储，作为业务实体元数据保存，支持查阅。

5.3.9.5 成功接收后，电子档案管理系统应对电子档案进行登记，同时向PDM系统发送接收成功信息。

5.4 归档接口

5.4.1 PDM系统的归档接口功能

PDM系统的归档接口功能如下：

a) 归档前将待归档电子文件及其元数据以件为单位进行捕获，形成归档信息包；
b) 应能够嵌入分类方案和组卷方案，业务部门人员可根据电子文件内容选择生成类号和档号；
c) 将归档信息包传输至指定位置，传输过程中归档信息包中信息不丢失、不被非法更改；
d) 接收归档信息包接收方的反馈消息，包括归档成功消息与失败消息，以及失败故障代码；
e) 对归档成功的电子文件进行已归档标记，以防止重复归档，归档标记能取消，并在人工干预下重新归档；
f) 应能够将升版、作废等电子文件更改信息传递至电子档案管理系统，确保PDM系统电子文件与电子档案管理系统电子档案状态保持一致；
g) 应能够提取零部件装配关系，以及其他数据对象之间的关联关系，并以文件实体关系元数据形式传递至电子档案管理系统；
h) 应具有归档控制功能模块，记录归档电子文件类型、归档时间、归档状态，并能够实现按照归档电子文件类型、归档时间、归档状态组合查询；
i) 应具有扩展功能，支持新增文件类型在线归档。

5.4.2 电子档案管理系统接口功能

电子档案管理系统接口功能如下：

a) 向PDM系统发送归档信息包存储位置信息；
b) 接收业务系统传递来的信息包，并正确解析；
c) 对PDM系统提交归档的电子文件及其元数据的“四性”进行检测，检测不合格不能接收，并反馈相应不合格的检测结果及不合格原因；
d) 将解析后的电子文件及其元数据存储在指定位置；
e) 应能够正确解析升版、作废等电子文件变化信息，并按约定规则与对应电子档案关联；
f) 应能够正确解析零部件上下级关系，以及其他数据对象之间的关联关系，并按约定规则与对应电子档案关联；
g) 向PDM系统发送电子文件归档成功或失败消息，以及失败故障代码；
h) 在归档信息包接收、解析和数据存储等过程中，信息不丢失、不被非法更改；
i) 应具有接收控制功能模块，记录归档电子文件类型、归档时间、归档状态，并能够实现按照归档电子文件类型、归档时间、归档状态组合查询；
j) 应具有扩展功能，支持新增文件类型在线归档。

5.4.3 归档接口建设管理要求

归档接口建设管理要求如下：

a) 归档接口宜与业务系统同设计、同开发、同测试和同实施，未开发归档接口的业务系统应及时通过二次开发实现；
b) 归档接口开发时应进行充分测试，并经专家评审，以确认功能要求达到设计目标要求；
c) 归档接口投入运行后，应安排专人对接口运行情况进行持续跟踪，发现问题及时处置；
d) PDM 系统和电子档案管理系统更新应充分论证对归档接口功能的影响，确保归档接口能够正常运行；
e) 将接口应急处置方案纳入 PDM 系统和电子档案管理系统的应急预案，在 PDM 系统和电子档案管理系统因升级、系统故障、病毒感染等原因影响归档接口功能后立即启动应急响应。

6 电子档案管理

6.1 整理

6.1.1 编目

应根据本单位业务需要，按照 GB/T 11822 的规定形成案卷目录、卷内目录和案卷文件目录。

6.1.2 检测

6.1.2.1 档案部门应对整理成果进行“四性”检测，检查整理工作质量，检测方案参见附录 E。
6.1.2.2 如检测未通过，应根据检测结论，重新进行整理，直至检测通过。

6.1.3 入库

“四性”检测通过的电子档案，由电子档案管理系统自动转为入库状态。

6.1.4 修改

6.1.4.1 入库后，若要对电子档案管理系统中电子档案元数据进行修改，应在线提交申请，并由档案部门批准同意后方可修改。
6.1.4.2 修改完成后，重新提交“四性”检测。

6.2 存储

6.2.1 在线存储

6.2.1.1 在线存储方式应在电子档案管理系统设计开发时进行规划，并配备对应软硬件设备。
6.2.1.2 在线存储方式应能适应大容量电子档案存储需要，随着数据存储容量增加不应影响电子档案管理系统访问、运行性能。
6.2.1.3 在线存储容量应至少满足 3 年增量需求，避免电子文件归档因存储容量不足而中断。
6.2.1.4 电子档案管理系统应依据分类规则和年度在计算机存储器中逐级建立文件夹，分门别类、集中有序地存储电子档案。
6.2.1.5 电子档案管理系统应在元数据中自动记录电子档案在线存储路径，方便在线查阅、下载。
6.2.1.6 建议每天实施增量备份，至少一个月全备份一次，有条件的单位可实施双机热备。

6.2.2 离线存储

6.2.2.1 应对电子档案进行以件(含元数据)为存储单元的保存信息包离线存储,以进一步降低电子档案长期保存风险。

6.2.2.2 电子档案离线存储结构及其说明参见附录F。

6.2.2.3 电子档案离线存储介质至少应制作3套。

6.2.2.4 不同套别的存储载体应分开保存,有条件的单位应将1套置于300 km以上、不在同一流域的地点保存,或不同的建筑物内保存。

6.2.2.5 离线存储载体管理应按照DA/T 15、DA/T 38、DA/T 74、DA/T 75的要求进行。

6.3 保管

6.3.1 应采取科学措施对存储载体进行管控,避免存储载体损坏,并防止未经授权的访问。

6.3.2 电子档案管理系统应当能够跟踪到保管期间对电子档案的相关操作,无论是合法操作还是非法操作,应在日志中进行记录。

6.3.3 档案部门应每年对电子档案的可读取性进行评估,形成评估报告;如存在因软硬件或其他技术升级、变动出现电子档案不可读取的风险,应对电子档案进行迁移或转换。

6.3.4 电子档案当前格式将被淘汰或失去技术支持时,应实施电子档案删除的格式转换。

6.3.5 因技术更新、介质检测不合格等原因需更换离线存储介质时,应实施电子档案或元数据离线存储介质的转换。

6.3.6 支撑电子档案管理系统运行的操作系统、数据库管理系统、台式计算机、服务器、磁盘阵列等主要系统硬件、基础软件等设备升级时,应实施电子档案或元数据离线存储介质的迁移。

6.3.7 电子档案管理系统更换时,应实施电子档案及其元数据的迁移。

6.3.8 电子档案迁移或转换前应进行迁移可行性评估,包括目标载体、系统、格式的可持续性评估和保管成本评估等,并保证迁移或转换过程可控,防止迁移过程中电子文件信息丢失、被非法篡改。

6.3.9 在确信转换或迁移活动成功实施后,根据本单位实际对转换或迁移前的电子档案及其元数据进行销毁或继续留存的处置。

6.4 利用

6.4.1 电子档案管理系统应通过有效的智能检索、组合检索、全文检索、主题导航和基于产品层级结构的树形导航等功能,方便用户查询、浏览电子档案。

6.4.2 检索结果呈现应包括必要的元数据、电子全文和关联关系。

6.4.3 档案部门应制定详细的电子档案利用权限规定,利用权限应在电子档案管理系统中实现,并经过确认。超权限利用时应进行审批,并保证利用过程中电子档案不被非法篡改。

6.4.4 电子档案可根据授权通过电子档案管理系统在线或离线提供利用,但不管何种利用方式均应通过日志或其他方式记录利用过程,记录信息包括利用者、利用方式、档号、文件编号、文件名、利用时间等。利用过程应作为电子档案业务实体元数据的一部分进行保存。

6.5 统计

电子档案统计应按照GB/T 18894—2016的要求进行。

6.6 鉴定处置

6.6.1 应定期对保管期限到期的电子档案进行鉴定,鉴定方法可根据本单位管理要求进行。

6.6.2 到期鉴定后对电子档案进行处置,包括销毁、续存和移交。

6.6.3 电子档案的销毁应先登记、编制清册，并按有关规定履行审批手续后，再将电子档案进行物理删除。

6.6.4 物理删除时至少两人监督，销毁清单及记录需打印成纸质档案保存。涉密电子档案的销毁应当按照国家保密法律法规的规定处理。

附 录 A
（资料性）
PDM 系统电子档案元数据

PDM 系统电子档案增设元数据见表 A.1～表 A.2。

表 A.1 文件实体元数据

编号	元数据	数据来源	备注
1	版次 version	PDM 系统	同一文件编号不同版本的规范代码，条件选，不可重复，简单型，字符型
2	文件状态 file status	PDM 系统	产品数据管理系统定义的文件有效性状态，条件选，不可重复，简单型，字符型
3	型代号 project number	PDM 系统	产品型号代码，必选，不可重复，简单型，字符型
4	数据来源 data provenance	PDM 系统	归档电子文件的 PDM 系统，必选，不可重复，简单型，字符型
5	保密期限 secrecy period	PDM 系统	涉密电子档案的保密期限，条件选，不可重复，简单型，字符型
6	形成时间 issue time	PDM 系统	电子文件的发布时间，必选，不可重复，简单型，日期时间型
7	归档时间 file time	ERMS	电子档案管理系统接收时间，必选，不可重复，简单型，日期时间型
8	载体类型 medium classification	ERMS	电子档案存储载体类型，必选，不可重复，简单型，字符型
9	载体号 medium number	ERMS	电子档案脱机存储载体编号，条件选，不可重复，简单型，字符型
10	系统显示名 system display title	PDM 系统	在电子档案管理系统中存储的，档案人员和用户直接可见的件内文档名称；必选，不可重复，简单型，字符型
11	哈希值 hash code	PDM 系统	通过一定的哈希算法（典型的有 MD5，SHA-1 等）得出的一段电子文件唯一性代码，必选，不可重复，简单型，字符型

表 A.2 机构人员实体元数据

元数据	数据来源	备注
个人涉密等级 level of confidentiality	PDM 系统和 ERMS	本单位保密机构授权的机构人员涉密等级，可选，不可重复，简单型，字符型

附 录 B
（资料性）
PDM 系统电子文件归档范围和保管期限表

PDM 系统电子文件归档范围和保管期限表见表 B.1～表 B.7。

表 B.1 项目管理类电子文件归档范围和保管期限表

序号	文件材料归档范围	保管期限
1	项目立项文件(项目建议书及批复、论证报告等)	永久
2	研制规划、方案、计划等	永久
3	项目范围的定义文件	永久
4	工作结构分解文件	永久
5	研制分工文件	永久
6	项目各级组织机构及其职责文件	永久
7	成本估算和预算文件	永久
8	项目风险的识别和处理文件	30 年
9	项目指令、计划实施和工作布置文件	30 年
10	项目进度、状态和问题报告文件	30 年
11	项目协调及协调会议文件	30 年
12	项目绩效的评估文件	30 年
13	项目范围变更文件	30 年
14	项目计划变更文件	30 年
15	项目成本变更文件	30 年
16	项目进度和状态预测报告文件	30 年
17	项目风险分析和评估文件	30 年
18	项目转阶段的申请、评审和批复文件	30 年
19	项目达标报告或因故中止的报告和批复文件	30 年
20	项目验收总结及评价文件	永久
21	其他	—

表 B.2 设计类电子文件归档范围和保管期限表

序号	文件材料归档范围	保管期限
1	总体方案论证文件	永久
2	总体方案评审文件	永久
3	设计规范、技术要求	永久
4	质量、标准、材料文件	永久
5	新技术、新成品、新材料、新工艺文件	30 年

表 B.2 设计类电子文件归档范围和保管期限表（续）

序号	文件材料归档范围	保管期限
6	总体、结构、系统、设计要求和设计任务书等	30 年
7	计算文件	30 年
8	成品选型、协议等文件	30 年
9	技术文件[技术规定、技术报告、技术条件、技术决定、技术协调单、技术说明书、零件清册(SSPL)等]	30 年
10	二维图样(模型图、三面图、总体布置图、理论图、试验件图、产品图、随机工具图、包装箱图等)	30 年
11	三维数模	30 年
12	工程物料清单(EBOM)、零部件细目表(PL)、工程指令(EO)、文件工程指令(DEO)、更改单等	30 年
13	目录(成品、系统配套目录、关键件、重要件、标准件、金属材料、非金属材料、综合标准等各类目录)	30 年
14	可靠性、可维修性、可测试性、安全性文件	30 年
15	各类技术出版物	30 年
16	各阶段设计总结报告，质量复查文件等	30 年
17	首件鉴定	30 年
18	关键技术攻关	30 年
19	成品件管理	30 年
20	其他	—

表 B.3 试验类电子文件归档范围和保管期限表

序号	文件材料归档范围	保管期限
1	试验依据性文件(任务书、试验大纲、试验载荷谱、图纸等)	永久
2	试验管理文件(质量保证大纲、试验件质量记录、试验程序、试验工艺、技术规范、试验安装、验收文件等)	30 年
3	试验评审文件(质量评审、试验合同评审、试验大纲评审、设计评审、试验前准备状态评审、试验结果评审等)	30 年
4	试验准备文件(试验大纲、试验载荷谱、试验测量方案、试验支持方案、试验方案论证报告、试验实施方案报告、试验调试报告、胶布带图、杠杆图、夹具图、测量点位置图、安装图、试验计算、测量、控制及数据处理材料、试验件、成品件、参试设备检测记录、试验前检查报告、试验前工作总结报告等)	30 年
5	试验过程文件(试验、测试及分析的原始数据、现场记录、试验加载前测量点数据记录、试验过程中产品状态或试验状态的更改记录、试验日志、试验数据的整理、故障分析处理报告、试验阶段结果通知书、试验故障报告表、试验阶段报告、试验阶段工作总结报告等)	30 年
6	试验结果文件(试验检测报告、裂纹检测报告、位移测量报告、应变测量报告、试验结果通知书、试验报告、试验分析报告、试验工作总结报告等)	永久
7	其他	—

表 B.4　制造类电子文件归档范围和保管期限表

序号	文件材料归档范围	保管期限
1	工装图样(二维图样、三维模型)	永久
2	工装设计标准	永久
3	工装设计数据(数控编程模型、数控加工程序等)	30 年
4	装配工装指令	30 年
5	装配工装(含型架等)设计和仿真材料	30 年
6	零件工装(含模具、夹具等)设计和仿真材料	30 年
7	装配工艺文件[装配指令(AO)、先行装配大纲(AAO)]	30 年
8	零件制造工装指令	30 年
9	制造物料清单(MBOM)	30 年
10	零件制造大纲(FO)、故障拒收报告(FRR)	30 年
11	工艺验证试验项目(试验计划、试验大纲、试验报告、适航审查批准相关文件)	30 年
12	零件交付状态书(MPR)	30 年
13	设计协调单(DCR)	10 年
14	工程更改建议(ECP)	30 年
15	工艺材料目录(ZPM)	30 年
16	工程图样工艺性审查材料(工艺性审查讨论记录等)	30 年
17	零件工艺设计和仿真材料	30 年
18	各部件级关键特性制造控制方案等工艺文件	30 年
19	材料需求明细表及工艺文件的更改文件等	30 年
20	工艺规范	30 年
21	材料规范	30 年
22	质量规范	30 年
23	标准手册	30 年
24	首件鉴定	30 年
25	无损检测	30 年
26	理化试验	30 年
27	供应商产品交付规范书	10 年
28	其他	—

表 B.5 客服类电子文件归档范围和保管期限表

序号	文件材料归档范围	保管期限
1	客户服务方案	永久
2	销售支援文件	30年
3	客户服务建议书	30年
4	客户化服务计划	30年
5	客户服务成本分析报告	30年
6	客户服务项目开发、销售报告	30年
7	客户服务综合计划、经费管理等	30年
8	与供应商(包括第三方供应商，维修机构)的客户服务相关协议、合同、谅解备忘录等	30年
9	物流报关类文件(物流规划方案、物流合作协议、海关/商检合作协议及相关授权文件、各类报关报检业务单据及证明文件、报表等)	10年
10	库存管理类文件(出入库记录、不合格品记录、报废单、环境监控记录等)	10年
11	技术出版物相关管理文件(含各类技术出版物的规范、计划、技术协调、编制及数字化处理，出版交付管理等)	30年
12	维修工程文件[维修要求、维修计划、维修工作卡、服务通报、服务信函、直接维修成本、地面服务设施(GSE)相关技术文件等]	30年
13	快速响应管理文件(客户服务请求类相关技术资料等)	30年
14	运营监控文件	10年
15	工程技术文件(构型管理相关技术资料、客户服务相关技术文件、超手册结构修理方案、工程调查档案相关资料等)	30年
16	技术支援文件(部件维修、修理和大修管理相关文件、抢救抢修维修支援相关文件等)	30年
17	客户管理、客户综合信息(客户综合资料信息、往来邮件记录、资料管理程序等)	10年
18	供应商管理的相关文件(供应商客户支援协议信息手册、供应商产品信息手册、供应商信息手册等)	10年
19	客户调研走访报告、客户满意度测量类文件(客户满意度调研问卷、总结性报告、内部整改措施文件、协调单、客户反馈信息表、客户投诉处理单等)	10年
20	现场服务、客户支援相关文件	10年
21	其他	—

表 B.6 市场与销售类电子文件归档范围和保管期限表

序号	文件材料归档范围	保管期限
1	市场分析和预测文件(各国经济现状和发展趋势分析、行业现状和发展趋势分析等)	永久
2	需求量分析与预测文件(国际、国内现状和发展趋势、各公司经营策略对需要的影响、各公司对技术要求分析研究、各公司对需求分析研究等)	永久
3	市场战略研究文件(市场战略综合研究报告、新产品总体性能定位报告、现有产品改型建议报告、新产品研制市场需求与时机研究分析报告、产品改型市场需求与时机研究分析报告、近期市场形势分析研究等)	永久
4	品牌管理文件(广告策划方案、历次展会声像和视频文件)	30 年
5	销售工程文件(产品详细技术规范及其更改文件、产品性能分析报告、适应性分析报告、经济性分析报告等)	30 年
6	客户开发文件(产品市场开发研究报告、客户的信息资料、客户关系管理文件、客户访问计划等)	30 年
7	其他	—

表 B.7 供应商类电子文件归档范围和保管期限表

序号	文件材料归档范围	保管期限
1	信息征询书(RFI)、邀标文件(RFP)、澄清文件(RFC)等	永久
2	RFI 回复及其评估的相关文件、RFP 回复(投标书或建议书)、RFC 回复及其评估的相关文件	永久
3	联合概念定义阶段(JCDP)、联合定义阶段(JDP)等各阶段会议纪要等文件材料	30 年
4	与供应商之间的信息交流记录[工程协调备忘录(ECM)、管理协调备忘录(MCM)等]	30 年
5	初步设计评审(PDR)、关键设计评审(CDR)的相关文件	30 年
6	图样及规范文件(总体系统布局框图、焊线及接地系统图、设备规格、系统示意图、采购规格、三维模型、安装要求、安装图样、树形图、放样数据、数字预装配、系统规格、接线图、线路清单等)	30 年
7	接口控制文件(功能接口控制文件、机械接口控制文件、电气接口控制文件等)	30 年
8	安全性及可靠性文件(系统功能风险分析、故障模式有效性及临界分析、系统安全初步分析、故障树形分析、可靠性预测报告、系统安全项目计划、可靠性项目计划等)	30 年
9	客户服务文件(客户支持文件、维修文件、产品保障战略政策及程序、备件分配文件、限售零件清单、维修要求候选清单、库存分配文件、修理厂文件、库存增加文件、维修作业间隔清单、维修重要项目清单、结构重要项目清单、装备维修文件、寿命周期成本分析、技术出版物、部件清单、手册输入、系统输入的最低设备总目录、备件清单、接线图等)	30 年
10	设计计算/分析报告文件[电磁兼容性控制文件、载荷动力分析、系统性能分析、同业研究报告、照明/高强度辐射场(HIRF)/电磁干扰(EMI)策略、载荷分析等]	30 年
11	软件设计文件(软件开发文件、软件构型管理文件、软件质量保证文件、软件规格、软件测试文件、软件管理及控制程序等)	30 年
12	质量管理和控制的相关文件(质量故障报告、重量分析报告、重量控制文件、质量管理文件、制造文件、系统示意图、系统布局、安装要求、试验要求及项目清单、试验设备文件、安装工装文件、储存及运输文件、非标连接件文件、散项文件、交付规范等)	30 年

表 B.7 供应商类电子文件归档范围和保管期限表（续）

序号	文件材料归档范围	保管期限
13	构型控制文件(构型管理文件、构型项目清单、供应商的构型管理文件等)	30 年
14	支持文件(取证支持文件、确认备忘录、型号认证项目、取证试验文件、验证项目的取证文件、取证联络及工作程序)	30 年
15	各类计划文件(项目计划/进度、工作报告、工作故障结构等)	30 年
16	其他有关设计评审记录、纪要(设计检查议程、设计检查记录、设计检查陈述等)	10 年
17	供应商提供的数据、合格供应商清单、供应商协议等相关的供应商文件	10 年
18	其他	—

附　录　C
（资料性）
PDM 系统电子文件归档元数据示例

PDM 系统电子文件归档 xml 格式见示例：

示例：

```
〈? xml version = "1.0" encoding = "UTF-8"?〉
〈Documents〉
     〈Document〉
     /＊文件描述＊/
     〈 description 〉
       〈 archive code 〉SH002〈/ archive code〉
       〈organizational structure or function〉XXX〈organizational structure or function〉
       〈 document nbumber 〉983GD001〈/ document nbumber 〉
       〈 version 〉A〈/ version 〉
       〈 title 〉文件名称〈/ title 〉
       〈 parallel title 〉并列题名〈/ parallel title 〉
       〈 descriptor 〉主题词〈/ descriptor 〉
       〈 key word 〉关键词〈/ key word 〉
       〈effectivity〉有效〈/effectivity〉
       〈 Language 〉中文〈/ Language 〉
       〈 security classification 〉内部〈/ security classification 〉
       〈 retentionPeriod 〉30 年〈/ retentionPeriod 〉
       〈 project number 〉30 年〈/ project number 〉
       〈 data original 〉XX 系统〈/ data original 〉
        ……………
     〈/ description 〉
    /＊文件描述＊/

    /＊电子属性＊/
    〈 electronic attribute 〉
      〈File〉
        〈filename〉附件 1.TXT〈/filename〉
        〈ftpname〉1.TXT〈/ftpname〉
        〈size〉13.14KB〈/size〉
        〈path〉/SFYDATA/ARJ_SH〈/path〉
        〈pagecount〉〈/pagecount〉
        〈hashcode〉〈/hashcode〉
      〈/File〉
      ...
      ...
      ...
      〈File〉
        〈filename〉附件 2.TXT〈/filename〉
        〈ftpname〉2.TXT〈/ftpname〉
```

```
        〈size〉13.14KB〈/size〉
        〈format〉pdf〈/format〉
        〈hashcode〉ddfaeed79ac1255713c8ab7165399b9b〈/hashcode〉
    〈/File〉
    ...
    ...
    ...
〈/Files〉
/ * 电子全文 * /

/ * 电子签名 * /
〈electronic signature〉
        〈 signature rules〉XXXX〈/ signature rules〉
        〈 signature time 〉XXXX〈/ signature time 〉
      〈 signer 〉XXXX〈/ signer 〉
      〈 signature 〉XXXX〈/ signature 〉
      〈 certificate 〉XXXX〈/ certificate 〉
      〈 certificate reference 〉XXXX〈/ certificate reference 〉
      〈 certificate algorithm identifier 〉XXXX〈/ certificate algorithm identifier e 〉
〈electronic signature〉
/ * 电子签名 * /

/ * 权限管理 * /
〈rights management〉
      〈 IPRStatement 〉XXXX〈/ IPRStatement 〉
      〈 AuthorizationTo 〉XXXX〈/ AuthorizationTo 〉
      〈 AuthorizationAct r 〉XXXX〈/ AuthorizationAct 〉
      〈 AuthorizationStartingDate 〉XXXX〈/ AuthorizationStartingDate 〉
      〈 AuthorizationEndingDate 〉XXXX〈/ AuthorizationEndingDate 〉
〈rights management〉
/ * 权限管理 * /

/ * 聚合层次 * /
〈aggregationlevel〉文件级〈/aggregationlevel〉
/ * 聚合层次 * /

/ * 机构人员实体 * /
〈agent entities〉
      〈agent entity〉
         〈agent type〉编制人〈/agent typel〉
         〈agent type〉王五〈/agent typel〉
         〈organization code〉XX 部〈/organization code〉
         〈position name〉XX〈/position name〉
      〈agent entity〉
      〈agent entity〉
         〈agent type〉校对人〈/agent typel〉
         〈agent type〉赵六〈/agent typel〉
```

```
        〈organization code〉XX部〈/organization code〉
        〈position name〉XX〈/position name〉
    〈agent entity〉
…………
…………
〈agent entities〉
/＊机构人员实体＊/

/＊业务实体＊/
〈 business entities〉
    〈 business entity 〉
        〈business entity identifier〉H004〈/business entity identifier〉
        〈agent entity identifier〉王五〈/agent entity identifier
        〈文件标识符〉961JB001〈/文件标识符〉
        〈business activity〉分发〈/business activity〉
        〈action time〉2009.02.23〈/action time〉
        〈action mandate〉XX〈/action mandate〉
        〈action description〉XX有限公司〈/action description〉
    〈 business entity 〉
    〈 business entity 〉
        〈business entity identifier〉H004〈/business entity identifier〉
        〈agent entity identifier〉王五〈/agent entity identifier
        〈文件标识符〉961JB001〈/文件标识符〉
        〈business activity〉签收〈/business activity〉
        〈action time〉2009.02.23〈/action time〉
        〈action mandate〉XX〈/action mandate〉
        〈action description〉XX有限公司〈/action description〉
    〈 /business entity 〉
    …………
  /＊业务实体＊/

/＊文件实体关系＊/
〈 record entities relations〉
    〈 record entities relation〉
          〈record identifier〉961JB001〈/record identifier〉
          〈 version 〉B〈/ version 〉
          〈related record identifier〉961JB001〈/related record identifier〉
          〈 version 〉A〈/ version 〉
          〈relation type 〉文件---文件〈/ relation type〉
          〈relation 〉代替/被代替〈/ relation 〉
          〈relation description 〉代替/被代替〈/relation description 〉
    〈 /record entities relation〉

    〈 record entities relation〉
          〈record identifier〉961JB001〈/record identifier〉
          〈 version 〉ZF〈/ version 〉
          〈related record identifier〉961JB001〈/related record identifier〉
```

〈 version 〉A〈/ version 〉

〈relation type 〉文件---文件〈/ relation type〉

〈relation 〉作废/被作废〈/ relation 〉

〈relation description 〉XXXX〈/relation description 〉

〈 /record entities relation〉

…………

〈 / record entities relations 〉

/ * 文件实体关系 * /

附 录 D
（资料性）
PDM 系统电子档案分类表

PDM 系统电子档案所属一级类目一般为产品档案类，二级类目一般为某一具体产品型号，三级类目以下为某一产品型号 PDM 系统电子档案分类，推荐分类表见表 D.1。

表 D.1 PDM 系统电子档案分类表

三级类目	类号	四级类目	类号	五级类目	类号
项目管理类	01	计划与经费	01	—	
		成本管理	02	—	
		风险管理	03	—	
		质量管理	04	—	
		合同管理	05	—	
		人力资源	06	—	
		采购与供应商管理	07	—	
		其他	09	—	
设计研发类	02	技术报告类	01	总体设计	01
				外形设计	02
				强度设计	03
				结构设计	04
				机电系统设计	05
				布线设计	06
				电设备设计	07
				动力装置	08
				其他	09
		设计图样类	02	非生产图	0201 三面图 0202 总体布置图 0203 外形数据图 0204 打样图 0205 运动图 0206 协调图
				预生产图	0301 模型图 0302 样机图 0303 取样图 0304 试验图 0305 理论图 0306 毛坯图

表 D.1　PDM系统电子档案分类表（续）

三级类目	类号	四级类目	类号	五级类目	类号
设计研发类	02	设计图样类	02	生产图	根据产品结构逐级细分
试验验证类	03	研制试验	01	外形试验	01
				静强度试验	02
				疲劳强度试验	03
				系统模拟试验	04
				供配电试验	05
				跌落碰撞试验	06
				综合地面试验	07
				成品测试试验	08
				其他	09
		使用试验	02	系统验证试验	01
				鉴定试验	02
		试验设施	03	外形试验	01
				静强度试验	02
				疲劳强度试验	03
				系统模拟试验	04
				供配电试验	05
				跌落碰撞试验	06
				综合地面试验	07
				成品测试试验	08
				其他	09
制造类	04	工艺	01	—	
		工装	02	—	
		制造	03	—	
		检验	04	—	
		交付	05	—	
		其他	09	—	
客户服务类	05	工程技术服务	01	技术支援	01
				运行监控	02
				产品维修	03
				其他	09
		培训	02	教员	01
				教材	02

表 D.1 PDM 系统电子档案分类表（续）

三级类目	类号	四级类目	类号	五级类目	类号
客户服务类	05	培训	02	设备	03
				其他	09
		备件支援	03	计划	01
				服务	02
				库存	03
				物流	04
				其他	09
		维修工程	04	总体维修	01
				操控维修	02
				机械维修	03
				电气维修	04
				动力维修	05
				结构维修	06
				其他	09
市场营销类	06	产品策划	01	—	
		市场开发	02	—	
		客户营销	03	—	
		价值策略	04	—	
		客户选型	05	—	
		政策研究	06	—	
		其他	09	—	
供应商类	07	结构供应商	01	—	
		系统供应商	02	—	

附 录 E
（资料性）
PDM 系统电子档案“四性”检测方案

参照 DA/T 70—2018，制定“四性”检测方案，见表 E.1～表 E.4。“•”表示该检测项目适用于本环节。

表 E.1 真实性检测方案

序号	检测类别	检测项目	检测目的	检测对象	检测依据和方法	适用环节		
						归档环节	入库环节	保管环节
1	电子文件来源真实性	固化信息有效性	保证电子文件来源真实	归档电子文件	对归档电子文件中包含的数字摘要、电子签名、电子印章、时间戳等技术措施的固化信息的有效性进行验证	•	—	•
2	电子文件内容真实性	电子文件内容一致性检测	保证电子文件内容与原始状态一致	归档电子文件	捕获电子文件属性特征（系统显示名、文件大小、文件格式、创建时间、哈希值），与元数据、PDM 系统和 ERMS 记录的数据进行比对	•	—	•
3	电子文件元数据准确性	元数据项数据长度检测	检测元数据项数据长度是否在限定的范围内	归档电子文件元数据	依据本单位自定义的元数据项长度规则，对归档电子文件元数据项长度进行比对	•	—	•
4		元数据项数据类型、格式检测	检测元数据项数据类型、格式是否符合要求		依据本单位自定义的元数据项数据类型和格式规则进行检测	•	—	•
5		设定值域的元数据项值域符合度检测	检测设定值域的元数据项的数据是否符合值域要求		依据本单位自定义的元数据值域规则进行检测	•	•	•
6		元数据项数据合理性检测，元数据项数据范围检测	检测元数据项数据值是否在合理范围内		依据本单位自定义的元数据项数据范围进行检测	•	•	•

表 E.1 真实性检测方案（续）

序号	检测类别	检测项目	检测目的	检测对象	检测依据和方法	适用环节		
						归档环节	入库环节	保管环节
7	电子文件元数据准确性	元数据项数据包含特殊字符检测	检测元数据项中是否包含特殊字符	归档电子文件元数据	依据本单位自定义的元数据特殊字符限制规则进行检测	•	•	—
8		元数据项数据重复性检测	避免同一数据重复归档	本单位自定义的数据重复检测元数据项，如文件编号、题名等	依据本单位自定义的元数据项（如文件编号、题名等）进行数据库记录和归档信息包的数据重复性检测	•	•	•
9	元数据与电子文件关联一致性	元数据是否关联对应电子文件实体检测	保证电子文件元数据与电子文件实体的关联性	元数据关联的电子文件	依据存储路径检测电子文件实体是否存在	•	•	•
10	归档信息包真实性	信息包一致性检测	保证信息包归档前后一致性	归档信息包	采用数字摘要比对等方式对归档信息包的一致性进行检测。归档前计算归档信息包的数字摘要，接收时重新计算数字摘要并和归档前的数字摘要进行比对	•	—	—
11	保存信息包真实性	保存信息包封装规范性检测	保证电子档案封装包符合DA/T 48—2009的要求	电子档案封装包的结构	系统按照DA/T 48—2009的附录B进行检测	—	—	•
12		保存信息包一致性检测	保证信息包在两次检测期间完全一致	保存信息包	系统采用数字摘要比对的方式对保存信息包的一致性进行检测。入库时系统自动计算并记录保存信息包的数字摘要，检测时重新计算数字摘要并和入库时生成的数字摘要进行比对，如果不一致，则保存信息包已被修改	—	—	•

表 E.2　完整性检测方案

序号	检测类别	检测项目	检测目的	检测对象	检测依据和方法	适用环节		
						归档环节	入库环节	保管环节
1	电子文件完整性	电子文件实体数相符性检测	保证归档电子文件数量与实际数量相符	电子文件件数	按照 5.2.1 及本单位约定的电子文件组件规则和元数据，对电子文件数量进行比对	•	—	—
2		字节相符性检测	保证归档电子文件字节数和实际保持一致	电子文件字节数	识别电子文件字节数，并于 PDM 系统和元数据进行比对	•	—	—
3	元数据完整性	元数据项完整性	保证电子文件元数据项完整	电子文件元数据	依据本单位定义的元数据方案进行检测，判断电子文件元数据项是否存在缺项	•	•	—
4		元数据必填项检测	保证元数据必填项的完整性		依据本单位定义的元数据必填项规则进行检测，判断元数据必填项是否为空	•	•	•
5		电子档案连续性元数据项检测	保证电子档案元数据的连续性	具有连续编号性质的元数据项	依据本单位自定义的具有连续编号性质的元数据项（档号、件内顺序号等）和起始号规则进行检测。具有连续编号性质的元数据项是否按顺序编号，是否从指定的起始号开始编号	—	•	•
6	归档信息包完整性	信息包内容完整性检测	保证信息包中内容数据齐全、完整	归档信息包	依据归档信息包结构规则，对信息包内容进行检测，确保其中包含必要的元数据和电子文件	•	—	—
7	保存信息包完整性	保存信息包元数据完整性检测	保证保存信息包中元数据必填项的完整性	保存信息包中的元数据	a）对于普通格式的信息包，系统按照 DA/T 46—2009 中的元数据项和自定义的元数据项进行必填项的自动检测； b）对于 EEP 封装包，还应按照 DA/T 48—2009 的附录 C 对封装元数据中的必填项进行检测	—	—	•

表 E.2 完整性检测方案（续）

序号	检测类别	检测项目	检测目的	检测对象	检测依据和方法	适用环节		
						归档环节	入库环节	保管环节
8	保存信息包完整性	保存信息包内容数据完整性检测	保证保存信息包中内容数据齐全、完整	保存信息包	系统依据保存信息包元数据中记录的文件数量检测保存信息包中实际包含的电子文件数量，比对两者是否相符	—	—	•

表 E.3 可用性检测方案

序号	检测类别	检测项目	检测目的	检测对象	检测依据和方法	适用环节		
						归档环节	入库环节	保管环节
1	电子文件可用性	电子文件格式检测	保证归档电子文件格式符合归档要求	电子文件实体	依据约定的电子文件归档格式进行检测，判断其是否符合长期保存要求	•	—	•
2		电子档案内容数据的可读性检测	保证特定格式的电子档案内容数据可读		检测电子档案所占容量是否与元数据中计算机文件大小一致，是否大于 0 KB	•	—	•
3	电子文件元数据可用性	目标数据库中的元数据可访问性检测	保证电子文件元数据可正常访问	数据库中的元数据	系统自动检测是否可以正常连接数据库，是否可以正常访问元数据表中的记录	—	•	•
4		信息包中元数据可读性检测	保证电子文件元数据可正常解析、读取	归档信息包中的元数据	检测归档信息包中存放元数据的 XML 文件是否可正常解析、读取数据	•	—	—
5	归档信息包可用性	信息包中包含的内容数据合规性检测	确保归档信息包中的电子文件可读、可用	归档信息包中的电子文件	对归档信息包是否包含非公开压缩算法、是否加密、是否包含不符合归档要求的文件格式等进行检测	•	—	—
6	保存信息包可用性	保存信息包中元数据的可读性检测	保证电子档案元数据可正常读取	保存信息包中的元数据	系统自动检测保存信息包中存放元数据的 XML 文件是否可以正常解析、读取数据	—	—	•

表 E.3　可用性检测方案（续）

序号	检测类别	检测项目	检测目的	检测对象	检测依据和方法	适用环节		
						归档环节	入库环节	保管环节
7	备份数据可用性	备份数据可恢复性检测	保证备份数据可以恢复	备份数据	采用专业的备份数据恢复工具检测备份数据是否完好，是否可恢复	—	—	•

表 E.4　安全性检测方案

序号	检测类别	检测项目	检测目的	检测对象	检测依据和方法	适用环节		
						归档环节	入库环节	保管环节
1	归档信息包安全性	病毒感染检测	保证归档信息包没有感染病毒	归档信息包	调用本单位通用杀毒软件接口，检测归档信息包是否感染病毒	•	—	—
2	归档过程安全性	操作过程安全性检测	判断归档过程是否安全可控	系统环境	根据国家安全保密要求从技术和管理等方面采取措施，确保归档信息包在归档过程中安全、可控	•	—	—
3	保存信息包病毒检测	系统环境中是否安装杀毒软件检测	检测系统环境是否安装杀毒软件	系统环境	系统自动检测操作系统是否安装国内通用杀毒软件，如果没有安装则进行提示	—	—	•
4		电子档案病毒感染检测	保证保存信息包电子档案数据没有感染病毒	电子档案保存信息包	系统调用国内通用杀毒软件接口，自动检测电子档案是否感染病毒（需协调杀毒软件厂商开放可供 Web 调用的接口）	—	—	•
5	保存载体安全性	载体读取速度检测	检测载体读取速度是否正常	保存载体	系统对载体进行读取操作，和常规的读取速度进行比对，判断载体是否安全可靠	—	—	•
6		载体外观检测	判断载体外观是否正常	保存载体	人工判断载体外观是否正常	—	—	•
7		载体保管环境安全性检测	判断载体保管环境是否符合长期保存要求	保管环境	人工对照国家有关规定，判断磁盘、磁带、光盘等各类载体的保管环境是否符合要求	—	—	•

附　录　F
（资料性）
电子档案离线存储载体存储结构

电子档案离线存储载体存储结构见图 F.1。

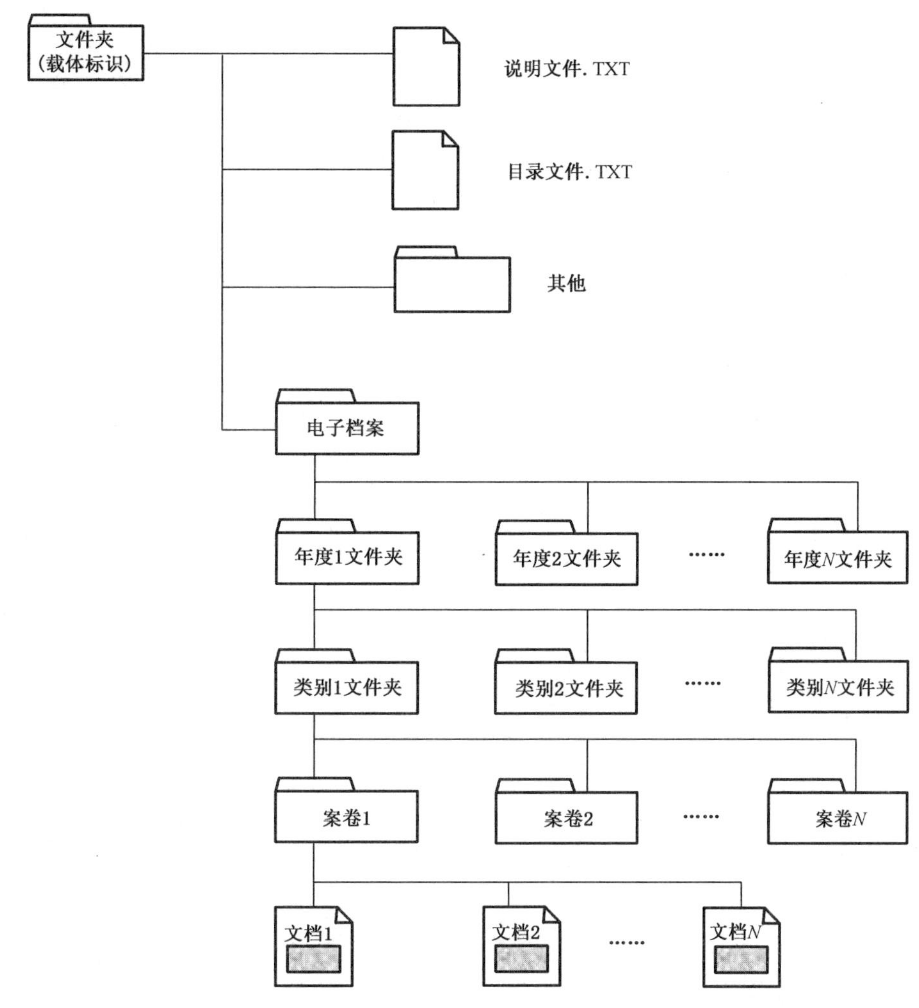

图 F.1　电子档案离线存储载体存储结构示意图

电子档案离线存储载体存储结构说明如下：

a) 说明文件命名为"说明文件.TXT"，一个载体只有一个说明文件，存放本载体有关信息，包括载体参数(如载体容量、载体类型等)、载体编号、载体保管单位、载体制作单位、载体检查单位、读取本载体内档案所需要的软硬件环境及其他各种有助于说明本载体的信息。
b) 目录文件一般包括文件目录、案卷目录，分别命名为"文件目录.TXT"及"案卷目录.TXT"，存放有关档案的目录信息。目录文件条目与离线存储电子档案相对应，根据电子档案具体内容进行描述，每个条目中包括对应电子档案顺序号、档号、责任者、题名、日期、密级、电子档案名称、备注等元数据。
c) 电子档案文件夹命名为"电子档案"，存放电子档案及其元数据(元数据结构参见附录 C)，一般按年度-类别-文件的层次设置文件夹。根据档案整理和分类方法以及实际情况可对存储结构中的类别、案卷、文件等层级进行取舍。

d) 其他文件夹命名为“其他”，存放各种其他存入载体的文件，主要包括：所采用的元数据规范、数据封装规范、分类编号规则、文件命名规则、XML 模式及交接信息（包含交接、迁移、转换、保存等元数据）等，这些文件应采用 TXT、XML 和符合长期保存要求的格式。

参 考 文 献

［1］ GB/T 18391.3—2009 信息技术 元数据注册系统(MDR) 第3部分:注册系统模型与基本属性

［2］ GB/T 26162.1—2010 信息与文献 文件管理 第1部分:通则

［3］ GB/T 26163.1—2010 信息与文献 文件管理过程 文件元数据 第1部分:原则

［4］ GB/T 29194—2012 电子文件管理系统通用功能要求

［5］ DA/T 22—2015 归档文件整理规则

［6］ DA/T 31—2017 纸质档案数字化规范

［7］ DA/T 46—2009 文书类电子文件元数据方案

［8］ DA/T 58—2014 电子档案管理基本术语

［9］ HB 20142—2014 航空工业电子档案管理元数据

［10］ ISO 13028 信息与文献 档案数字化实施指南(Information and documentation—Digital records conversion and migration process)

［11］ ISO 14721 Open archival information system

［12］ ISO 16175.2 Principles and functional requirements for records in electronic office environments—Part 2:Guidelines and functional requirements for digital records management systems

［13］ 电子档案移交与接收办法(档发〔2012〕7号)

［14］ 企业电子文件归档和电子档案管理指南(档办发〔2015〕4号)

［15］ 电子档案管理系统基本功能规定(档办发〔2017〕3号)